U0353315

国家自然科学基金面上项目(51874160)

辽宁省"百千万人才工程"资助项目

辽宁工程技术大学学科创新团队资助项目(LNTU20TD-01)

褐煤露天矿端帮开采支撑煤柱与边坡稳定性的互馈机制研究

王　东　姜聚宇　李广贺　著

中国矿业大学出版社

·徐州·

内 容 提 要

大型露天煤矿开采后,端帮下压覆大量滞留煤无法回收。端帮开采工艺的发展为滞留煤的回收提供了新的方法。现阶段对于端帮开采条件下支撑煤柱失稳机理、边坡稳定性计算方法及二者互馈机制研究较少,一定程度上限制了我国端帮开采工艺的发展。本书采用数值模拟与相似材料模拟相结合的方法,揭示支撑煤柱失稳机理,基于突变理论,提出了支撑煤柱参数设计方法;基于非贯通断续结构面理论,提出了恰当的稳定性计算方法;研究并量化了端帮开采条件下支撑煤柱与边坡稳定性的相互影响,协同优化设计了支撑煤柱宽度与边坡形态。

图书在版编目(CIP)数据

褐煤露天矿端帮开采支撑煤柱与边坡稳定性的互馈机

制研究 / 王东,姜聚宇,李广贺著. — 徐州:中国矿

业大学出版社,2021.2

ISBN 978 - 7 - 5646 - 4977 - 7

Ⅰ. ①褐… Ⅱ. ①王… ②姜… ③李… Ⅲ. ①褐煤—

煤矿开采—露天开采—研究 Ⅳ. ①TD824

中国版本图书馆 CIP 数据核字(2021)第 039558 号

书 名	褐煤露天矿端帮开采支撑煤柱与边坡稳定性的互馈机制研究
著 者	王 东 姜聚宇 李广贺
责任编辑	仓小金 杨 洋
出版发行	中国矿业大学出版社有限责任公司
	(江苏省徐州市解放南路 邮编 221008)
营销热线	(0516)83884103 83885105
出版服务	(0516)83995789 83884920
网 址	http://www.cumtp.com E-mail:cumtpvip@cumtp.com
印 刷	徐州中矿大印发科技有限公司
开 本	787 mm×1092 mm 1/16 **印张** 8.5 **字数** 217 千字
版次印次	2021 年 2 月第 1 版 2021 年 2 月第 1 次印刷
定 价	48.00 元

(图书出现印装质量问题,本社负责调换)

前　　言

　　我国煤炭资源居各类已探明资源储量的首位,约占世界煤炭总量的12.6%。其中褐煤保有储量达 1 303 亿 t,占煤炭总储量的 12.7%,以露天开采居多。由于边坡稳定性、合理剥采比及开采边界限制等原因,露天开采后端帮下压覆大量滞留煤无法回收。端帮开采工艺的发展为滞留煤的回收提供了新的方法。端帮开采不需要单独地进行剥离或基建,其主要形式为通过远程操控端帮采煤机对暴露的滞留煤层进行打硐回采,硐室之间留设支撑煤柱。支撑煤柱参数设计对自身及边坡稳定性具有重要影响,是端帮开采安全、高效应用的前提。同时边坡参数也影响着支撑煤柱的稳定性,因此应阐明二者的互馈机制,协同优化设计二者参数。现阶段对于端帮开采条件下支撑煤柱失稳机理、边坡稳定性计算方法及二者互馈机制研究较少,一定程度上限制了我国端帮开采工艺的发展。

　　为了更好地推进端帮开采工艺在我国的应用,也为了给广大科技工作者和露天煤矿工程技术人员提供一本系统学习教材,笔者著写了此书。本书以霍林河北矿西端帮为工程地质背景,考虑了褐煤支撑煤柱蠕变特性及服务时间要求,提出了目标时间强度的概念,确立了抗剪强度参数随时间的变化规律;应用FLAC3D数值模拟,研究了边坡"三角载荷"条件下煤柱支撑应力分布规律、与极限强度的相互关系、塑性区分布特征,揭示了支撑煤柱的失稳机理,设计了煤柱的留设宽度;通过相似材料模拟试验,分析了支撑煤柱的失稳演化规律,验证了极限采深条件下煤柱宽度设计的合理性;结合数值模拟及试验结果,建立了支撑煤柱承载模型,基于突变理论构建了尖点突变模型,推导出煤柱的失稳判据,提出了煤柱参数的设计方法;基于非贯通断续结构面理论,分析了端帮开采条件下边坡破坏模式、支撑煤柱随开采深度增加两侧屈服区宽度变化规律,提出了恰当的稳定性计算方法;研究并量化了端帮开采条件下支撑煤柱与边坡稳定性的相互影响，协同优化设计了支撑煤柱宽度与边坡形态。

本书编写过程中引用了大量与露天开采、力学和边坡稳定性分析相关的资料和研究成果，成果的取得离不开工程技术人员对现场工作的支持与帮助，在此一并表示衷心的感谢。

本书的出版得到了国家自然科学基金面上项目(51874160)、辽宁省"百千万人才工程"资助项目、辽宁工程技术大学学科创新团队资助项目(LN-TU20TD-01)的资助，在此表示感谢。

限于编者水平，书中可能存在错误之处，恳请读者不吝指正。

著　者

2020 年 9 月

目　录

1 绪 论

1.1 研究背景及意义

我国煤炭资源居各类已探明资源储量的首位,露天煤矿可开采量占全国煤炭总量的 10%~15%。其中褐煤保有储量达 1 303 亿 t,占煤炭总储量的 16.24%,以露天开采居多。国务院、国家能源局等国家相关机构的多份关于我国能源工业发展战略和规划的报告[1-2]均指出煤炭是我国必须长期主要依赖的能源,露天开采作为煤炭资源的重要开采方式之一,凭借安全、集约、高效、作业空间开阔条件好、开采强度大等方面的突出优势,近年来发展迅速,应用越来越广泛。中国煤炭工业协会在 2011 年 10 月发布的《关于推进煤炭工业"十二五"科技发展的指导意见》中指出,需进一步开展露天采煤方法的研究与应用。截至 2021 年,我国共有露天煤矿 376 处,产能 9.5 亿 t/a、占全国煤矿总产能的 17.8%,产量占全国的比重已提高至 18% 左右。其中,生产露天煤矿 283 处,产能 7.51 亿 t/a;在建露天煤矿 87 处,产能 1.98 亿 t/a。

但是,由于边坡稳定性、合理剥采比、开拓运输系统布置及开采边界限制等原因,露天开采必然会在边坡下部形成一定量的压覆资源(滞留煤)无法回收,导致煤炭这类不可再生资源长埋地下,带来重大资源与经济损失,还可能导致煤自燃、滑坡等安全及环境隐患。近年来,随着以端帮采煤机为主要开采设备的端帮开采工艺系统的不断完善和发展,为露天矿边坡滞留煤回收提供了重要途径,尤其是近年来国内端帮采煤机制造业的逐步发展[4-9],使端帮采煤机回收露天矿端帮滞留煤成为必然趋势。我国自主研制的端帮采煤机(见图 1-1)于 2015 年在霍林河露天煤业股份有限公司北露天矿得到应用,并在初期取得了一定成效,成功采出褐煤资源近 5 000 t。但是,由于褐煤力学性能较差,且具有显著的流变特性,边坡下支撑煤柱的稳定性问题成为端帮采煤机回采工艺成功应用的关键。

端帮采煤机应用于全新露天端帮开采工艺,将露天开采与井工开采优势相结合,实现软厚煤层端帮采煤。采运过程进行全自动远程操控,实现煤巷内无人智能掘进、运输作业。在开采端帮滞留煤时,各硐室间须留设一定宽度的支撑煤柱,避免边坡发生失稳。煤柱局部破坏可能产生多米诺骨牌效应,造成煤柱群发生失稳,进而导致滑坡等灾害的发生,危害开采设备作业安全并造成大量资源损失。因此,应对支撑煤柱稳定性进行深入系统研究,设计合理的煤柱尺寸。支撑煤柱尺寸留设不但影响自身的稳定性、资源回收量,而且还将影响到边坡稳定性。受端帮采煤机开挖影响,坡体内的应力分布、演化及变形破坏机制极其复杂,应考虑端帮开采的影响,研究设计合理的边坡形态。边坡与支

(a) LDC100端帮采煤机

(b) 边坡支撑煤柱

图 1-1　端帮开采

撑煤柱稳定性相互影响,一方面边坡的形态影响到煤柱的应力分布状态,进而对其尺寸要求产生差异;另一方面,支撑煤柱的尺寸直接体现了空间分布规律及结构面的损伤程度,进而对边坡体内的应力分布状态及边坡变形破坏模式产生影响,影响其形态设计。为此,应兼顾二者的相互影响,进行协同优化设计。

综上所述,露天矿边坡端帮滞留煤的安全、高效回采已成为亟待解决的技术性难题。本书围绕褐煤露天矿端帮开采,对支撑煤柱稳定性、边坡稳定性及二者互馈机制进行深入研究,提出端帮开采条件下支撑煤柱参数的确立方法及边坡稳定性计算方法,研究并量化二者相互影响,对二者参数进行协同优化设计,为我国露天矿端帮开采理论体系的建立提供基础,推动煤柱失稳基础理论与边坡稳定性分析理论的发展,具有重要的理论意义与工程实践价值。

1.2　国内外研究现状

1.2.1　煤柱稳定性研究现状

通常进行煤柱设计时主要基于两方面考虑,一方面是煤柱的强度理论,另一方面是煤柱实际荷载计算。基于此,国内外众多学者进行了大量的室内试验、统计分析、数值模拟和理论推导研究,并提出了一系列的理论及计算公式。

1.2.1.1　煤柱强度理论研究

分析煤柱的稳定性时,煤柱强度是首要的考虑因素。煤柱强度与岩石强度定义相类似,是指每一单位煤柱所能承受的上覆岩层的最大载荷值。煤柱的强度的大小是由多种因素共同作用的结果,包括尺寸、地质条件、应力条件等。本书通过归纳总结将煤柱强度理论分为以下几类:

(1) 经验公式法

① Bunting 公式[10]

1911 年 Bunting 通过对大量的煤岩试样进行试验,最终发现了煤岩体存在"尺寸效应"和"形状效应",并提出了著名的假设:在不进行充分支护的基础上回采,煤柱破坏、底鼓及冒落等矿压灾害必然将会发生。

Bunting 最早提出的计算煤柱强度经验公式对后来煤柱强度研究产生了重要影响：

$$S_p = S_1 \left[0.7 + 0.3 \left(\frac{a}{M} \right) \right] \tag{1-1}$$

式中　S_p——煤柱强度，MPa；

　　　S_1——煤岩强度参数，MPa；

　　　a——煤柱宽度，m；

　　　M——煤柱高度，m。

② Zern 公式[11]

1928 年 Zern 通过研究提出了煤柱强度的计算公式：

$$S_p = S_1 \left(\frac{a}{M} \right)^{0.5} \tag{1-2}$$

Zern 建议煤岩强度参数 S_1 取值为 4.8～7 MPa。

Bunting 公式及 Zern 公式均考虑了试件尺寸效应，但都没有说明如何将试件强度应用于煤柱设计中，且对于浅埋煤层，煤岩强度参数的选取不准确。

③ Holland-Gaddy 公式[12]

1956 年 Gaddy 等人提出了煤岩样强度会随着试件尺寸变小而逐渐变大的规律：

$$k = \frac{\sigma_c}{\sqrt{d}} \tag{1-3}$$

式中　k——Gaddy 常数；

　　　σ_c——边长为 2.5 cm 立方试块的强度，MPa；

　　　d——试块尺寸，inch。

Gaddy 对 Holland-Gaddy 强度公式得到广泛应用做出了重要贡献：

$$S_p = \frac{\sqrt{a}}{M} \tag{1-4}$$

Holland-Gaddy 公式为煤柱强度理论做出了重要贡献，但其仍存在一定的局限性，经过后来学者的进一步研究发现，该公式仅适用于宽高比为 2～8 的煤柱。

④ Salamon-Munro 公式[13]

1967 年，Salamon 与 Munro 对南非进行了大量的实地煤柱留设调查，最终提出了煤柱强度的经验公式，即：

$$S_p = k M^\alpha a^\beta \tag{1-5}$$

式中　k、α、β——常数。

根据对南非 125 个稳定与失稳煤柱的统计调查结果分析，进一步完善的煤柱强度公式如下：

$$S_p = 7.2 \left(\frac{a^{0.46}}{M^{0.66}} \right) \tag{1-6}$$

该公式局限性较大，仅能代表南非地区的煤柱平均强度。

⑤ Bieniawski 公式

从 20 世纪 30 年代左右开始，许多学者进行了大规模的原位煤柱强度试验，提出了关于煤岩体强度的临界尺寸概念，指出当煤岩试样的尺寸超过其本身的临界尺寸后，试件的强度则会趋于一稳定值。

经过大量的研究，Bieniawski/PSU 在 1982 年提出了基于临界尺寸概念的煤柱强度计算公式：

$$S_p = S_0 \left[0.64 + 0.36 \left(\frac{a}{M} \right) \right] \tag{1-7}$$

式中　S_0——临界尺寸时煤柱的强度，MPa。

Hustrulid[14] 及 Bieniawski 在 1976 年指出，通过室内试验可确定煤柱的临界尺寸强度。1981 年 Bieniawski 再次推荐计算煤柱强度公式为：

$$S_p = S_0 \left[0.64 + 0.36 \left(\frac{a}{M} \right) \right]^a \tag{1-8}$$

式中　a——常数。

继续开展试验研究发现，当煤柱的宽高比大于 5 时，$a=1.4$；当煤柱的宽高比小于 5 时，$a=1.0$。该公式对于窄长及埋藏较浅的煤柱强度适用性还需进一步研究。

（2）核区不等理论

格罗布拉尔协同考虑煤柱弹性核区强度与支撑应力关系，计算出核区内各个位置强度值，提出了用于计算窄长条带煤柱破坏包络曲线的通用公式：

$$\sigma_f = \frac{\sigma_c}{\ln k_1 k_2} (k_1^x k_2^x + \ln k_1 k_2 - 1) \tag{1-9}$$

式中　σ_f——煤体不同位置强度，MPa；

　　　σ_c——煤岩单轴压缩强度，MPa；

　　　x——煤壁内任一点距离煤壁的距离；

　　　k_1，k_2——库伦破坏应力曲线斜率。

公式（1-9）极其复杂，参数多并且获取困难，该强度理论并没有得到广泛应用。

（3）两区约束理论

A. H. Wilson[15] 在 20 世纪 70 年代对核区不等理论做出了一定改进，并提出了两区约束理论。该理论含有以下四条假设：

① 煤柱的组成可以分为两个部分，核区和屈服区。其中屈服区包围着弹性核区，并对核区形成一定程度上的约束，处于中部的核区大致处于三向应力状态，强度大且稳定。

② 煤柱的屈服强度为侧向应力 σ_3 的 $\tan \beta$ 倍，$\tan \beta$ 和内摩擦角 φ 密切关联，其中 $\tan \beta = \frac{1 + \sin \varphi}{1 - \sin \varphi}$，一般 $\tan \beta$ 的值取 4。

③ 煤柱边缘无约束垂直应力 $\sigma_0 = 0.007$ MPa，屈服区水平约束力 σ_3 由外往内渐增，于核区交界面时为最大，即等于原岩自重应力 γH。屈服区宽度 $r_p = 0.004\ 92MH$，其中 M、H 分别为煤柱高度和埋深。

④ 核区内部支撑应力达到屈服强度，煤柱将发生失稳失去核区。所以煤柱的极限强度为 $\sigma = 4\gamma H$。

据假设提出的煤柱承担荷载表达式如下：

$$L_C = 4\gamma H[(aL - 4.92(a+L)MH \times 10^{-3} + 48.44M^2H^2 \times 10^{-6})] \qquad (1-10)$$

式中 γ——覆岩容重，MN/m^3；

H——覆岩厚度，m；

a——煤柱宽度，m；

M——煤柱高度，m；

L——煤柱长度，m；

L_C——煤柱极限荷载，MPa。

Wilson 进一步提出：煤柱的宽度可取其埋深的 12% 或者 9.1 m～13.7 m 与 0.1 倍埋深的和计算得到，即：

$$a = 0.12H \qquad (1-11)$$

或

$$a = 0.10H + (9.1 \sim 13.7) \qquad (1-12)$$

（4）大板裂隙理论

白矛、刘天泉[16]基于弹性理论中的复变函数法将岩体视为连续均质弹性体，将已采出的条带空间视为无限大板中的一个扁的椭圆形孔口，提出了大板裂隙理论。可以得到椭圆孔边任一点的煤柱的支撑应力计算式：

$$\sigma_x = Fq\left[1 - \frac{a+2r}{2\sqrt{r(r+a)}}\right] \qquad (1-13)$$

$$\sigma_z = -Fq\frac{a+2r}{2\sqrt{r(r+a)}} \qquad (1-14)$$

式中 σ_x——水平应力，MPa；

σ_z——垂直应力，MPa；

q——上覆岩层载荷，MPa；

a——开采宽度，m；

r——与煤体边缘的距离，m；

F——应力集中系数。

当煤柱两侧的支撑应力达到极限强度 σ_{zl} 时，式中 r 等于屈服区宽度 r_p。r_p 计算公式如下：

$$r_p = \frac{a}{2}\left[\frac{1}{\sqrt{1-\left(\frac{Fq}{\sigma_{zl}+q}\right)^2}}\right] \qquad (1-15)$$

其中：

$$\sigma_{zl} = \delta\sigma_c \qquad (1-16)$$

式中 δ——Irwin 屈服约束系数，与抗压强度 σ_c 有关。

该理论有两个问题：由公式（1-14）可知，煤柱塑性区宽度一直与煤柱宽度成正比，这与实际不符，因此，计算式只有当煤柱的极限强度大于支撑应力时才有意义。

（5）极限平衡理论

国内外学者对煤柱的支撑应力分布及极限平衡区宽度做了大量的研究，主要区别在于对煤岩接触面抗剪强度参数的选取。各表达式的主要形式如下：

$$
\begin{cases}
\sigma_z = N_0 e^{\frac{2f_x}{M}} \\
\sigma_z = (\sigma_c + C\cot\varphi)(e^{\frac{2fx}{M}-1}) + \sigma_c \\
\sigma_z = \tan\beta(P_i + C\cot\varphi)e^{\frac{2fx\tan\beta}{M}} - C\cot\varphi \\
r_p = \frac{M}{2f\tan\beta}\ln\frac{kq + C\cot\varphi}{\tan\beta(p_i + C\cot\varphi)}
\end{cases}
\tag{1-17}
$$

式中　σ_z——煤柱垂直应力，MPa；

　　　N_0——巷道边缘处垂直应力，MPa；

　　　C——煤岩接触面内聚力，MPa；

　　　φ——煤岩接触面内摩擦角，(°)；

　　　f——摩擦系数；

　　　σ_x——煤柱的水平应力，MPa；

　　　P_i——支架对煤柱支护阻力，MPa；

　　　K——应力集中系数；

　　　r_p——极限平衡区宽度，m。

候朝炯、马念杰[17]分析了国外极限平衡理论的不足之处，以松散介质应力平衡理论为基础，改进了原有的极限平衡理论，推导出煤柱的应力及塑性区宽度计算公式如下：

$$
\sigma_y = \left(\frac{c_0}{\tan\varphi_0} + \frac{P_x}{A}\right)e^{\frac{2\tan\varphi_0}{mA}} - \frac{c_0}{\tan\varphi_0}
\tag{1-18}
$$

$$
\tau_{xy} = -\left(c_0 + \frac{P_x\tan\varphi_0}{A}\right)e^{\frac{2\tan\varphi_0}{mA}x}
\tag{1-19}
$$

$$
x_0 = \frac{mA}{2\tan\varphi_0}\ln\left(\frac{k\gamma H + \dfrac{c_0}{\tan\varphi_0}}{\dfrac{c_0}{\tan\varphi_0} + \dfrac{P_x}{A}}\right)
\tag{1-20}
$$

式中　c_0——煤岩接触面内聚力，MPa；

　　　φ_0——煤岩接触面内摩擦角，(°)；

　　　P_x——支架支护阻力，MPa；

　　　A——侧压系数。

1.2.1.2　煤柱荷载理论研究

根据煤柱参数设计理论基础，当煤柱所承受的荷载大于其极限强度时会发生失稳破坏，反之，煤柱为稳定状态。因此，合理计算煤柱承受的荷载，对于判断煤柱是否稳定及设计煤柱参数具有重要意义。煤柱载荷计算方法主要有以下三种。

（1）压力拱理论

压力拱理论最早是用来解决开采导致的地表沉陷问题。该理论的保护煤柱设计主要取决于上覆岩层的厚度。该理论认为随着开采的进行,在工作面后方的采空区形成了压力拱,致使作用在直接顶上的载荷大大减小,覆岩的重量转移到采空区两侧的实体煤柱上方。同时,假定拱的形状主要是椭圆形,高度约为采高的2倍。

压力拱理论具有较大的局限性,仅适用于煤层顶、底板完整的条件,且计算起来较为复杂,在工程上没有得到推广使用。

(2) 有效区域理论

有效区域理论假定各煤柱支撑着它上部及与所邻近煤柱平分的采空区上部覆岩的重量。假定煤柱只受均布垂直载荷作用,且采区范围内保持常数,则煤柱所受载荷可由下式计算:

$$P = \gamma H \frac{(L+b)(a+b)}{La} \tag{1-21}$$

式中　P——煤柱所承受平均载荷,MPa;

　　　a——煤柱宽度,m;

　　　b——采出宽度,m。

该计算方法通俗易懂,计算简单,逐渐发展为美国矿山最常使用的煤柱载荷计算公式,有待进一步推广到全世界范围内使用。

(3) Wilson 理论

Wilson 于20世纪70年代提出了采空区覆岩的重量不是完全由两侧的煤柱承担,冒落的矸石也会承担一定的上覆岩层载荷。据此,A. H. Wilson 给出了下面煤柱的载荷计算公式:

两侧采空区宽度>0.6H时:

$$P = \gamma H (a + 0.3H) \tag{1-22}$$

两侧采空区宽度<0.6H时:

$$P = \gamma \left(Ha + Hb - \frac{b^2}{1.2} \right) \tag{1-23}$$

式中　P——煤柱载荷,MPa。

国内外学者基于经典煤柱强度理论及煤柱载荷理论研究,应用强度理论、数值模拟、现场实测,室内试验等研究手段研究煤柱失稳破坏机理,进一步推进煤柱尺寸设计理论发展。郭爱国[18]从 Wilson 强度理论的基本原理出发,得出了非常规条带煤柱稳定校核公式,并对非常规煤柱的稳定性进行了校核。王旭春等[19]基于对三向应力状态下的煤柱极限强度影响因素分析,给出了不受地质采矿条件约束的计算公式。刘贵等[20]通过 Mohr-Coulomb(M-C)强度准则推导出煤柱极限强度公式,提出了适合深部厚煤层条带开采设计的煤柱稳定性表达式。索永录等[21]基于 M-C 强度准则,对煤体极限强度和煤柱屈服区宽度模型进行分析,推导出条带煤柱合理宽度留设的计算公式。Sheorey P. R.,Das M. N.,Bordia S. K.[22]等根据 Hoek-Brown(H-B)强度破坏准则,推导出两条新的煤柱强度公式:第一种是渐进破坏类型;第二种适用于细长和扁平柱。A. Mortazavi,F. P. Hassanii,M. Shaban[23]基于 H-B 强度破坏准则深入研究煤柱破坏的机理及煤柱的非线性行为,设计了合理的支撑煤柱宽度。朱建明等[24]基于黏性材料的 SMP(spatially mobilized plane)破坏准则,推导出了煤柱极限强度的计算公式。郭力群等[25]基于统一强度理论,建立了合理考虑中间主应力影响的条带煤柱极限强度公式。实际上,关于煤柱参数设计理论,在岩(土)体工程中常用的还有广义 Lade-Duncan(L-D)准则[26]和外接圆 Drucker-Prager(D-P)准则[27]。

杨永杰等[28]对不同含水率的煤样进行蠕变试验,研究了煤层富水性对高应力作用下条带煤柱的稳定性的影响。

王春秋等[29]采用钻孔压力计和自动监测系统对条带煤柱稳定性进行长期观测,确定了煤柱受力与压力计读数的关系。

郭仓等[30]采用 FLAC3D对不同采出率开采条件下条带开采煤柱的稳定性进行数值模拟研究,据此完成了支撑煤柱参数设计。

张明等[31]采用案例调研、理论分析、数值模拟和工程实践等方法,对巨厚岩层-煤柱协同变形机制及其煤柱稳定性进行了研究,推导了在协同变形条件下煤柱的应力-应变关系,以此为基础,提出了煤柱整体失稳的力学判据。

于洋等[32]基于煤柱的渐进性剥离行为和剥离体的堆积特性,提出了煤柱的非均匀剥离模型,提出了条带煤柱长期稳定性评价方法。

谭毅等[33]用突变理论和损伤本构方程,建立了采硐间狭窄煤柱和条带煤柱失稳的尖点突变模型;计算分析了条带式 Wongawilli 开采煤柱系统工程稳定性及突变影响参数。

何耀宇等[34]以煤柱现场受压实际条件为依据,采用数值模拟方法分析不同宽高比条件下复杂受压煤柱危险性指标分布规律及煤柱破坏倾向性特征。

郑仰发等[35]基于理论计算、数值模拟及工程实践,确定出试验工作面特定区段煤柱设计的合理宽度范围。

梁冰等[36]开展了不同宽高比的煤柱单轴压缩试验,采用定量分析方法,得出煤柱尺寸与损伤变量之间的演化规律。

王方田等[37]基于突变理论,构建尖点突变模型,对隔离煤柱失稳破坏机理进行了分析。

1.2.2 端帮开采支撑煤柱稳定性研究现状

自 20 世纪 80 年代起,连续采煤机的应用范围逐渐由井下扩大到地面,形成在露天矿边坡下的房柱式开采工艺。1994 年 SHM 端帮联合采煤机的研制成功,标志着端帮采煤法的效率有一个质的飞跃。经过多年发展,美、俄、中、印等世界产煤大国均引进这一先进技术。我国自主研制的 LDC100 型端帮采煤机在霍林河北露天矿使用,初期取得了较好的效果,但仍有许多问题需要解决。

诸多学者对端帮开采条件下支撑煤柱稳定性分析主要是根据 Mark-Bienawski 煤柱强度经验公式,对留设煤柱宽度进行计算[38-46]。但我国矿山地质条件复杂多变,煤层赋存条件复杂,单凭国外强度经验公式难以对留设煤柱宽度进行准确计算。陈彦龙等[47]结合尖点突变理论,考虑煤柱安全系数的要求,提出了支撑煤柱失稳判据,为实现应用端帮采煤机对露天矿滞留煤进行安全、高效地开采提供依据和基础;但该文中未考虑煤柱在覆岩长期作用下的蠕变特性影响,不能保证煤柱的长期稳定性。王东,姜聚宇,韩新平等[48]综合采用突变理论、蠕变试验、数值模拟等手段,研究了端帮采煤机打硐回采条件下边坡支撑煤柱稳定性;尽管文章考虑了煤柱的时效特性,但是没有考虑端帮开采对边坡稳定性的影响。

基于煤柱强度理论对于井工条带式开采条件下的煤柱稳定性问题研究较多,但对于边坡下进行端帮开采非均布载荷条件下的支撑煤柱稳定性问题研究很少。我国对于端帮开采工艺研究起步较晚,最早对端帮开采边坡支撑煤柱稳定性研究主要是基于 Mark-Bienawski 煤柱强度经验公式,近年来有学者基于突变理论推导了支撑煤柱突变失稳判据,进而完成煤柱参数设计,但对于任一种支撑煤柱留设方法均未考虑端帮开采煤柱尺寸对边坡稳定性影响。

1.2.3　边坡稳定性研究现状

目前主要通过极限平衡法和极限分析法对边坡稳定性进行计算。

1.2.3.1　极限平衡法

极限平衡法是在众多的传统分析方法中通用性和实用性最佳且最为简单的定量分析边坡稳定性的计算方法。在边坡稳定性分析中,极限平衡法将滑体划分成一定数量的垂直条块,对各个条块进行受力平衡分析,进而求得边坡稳定系数。极限平衡法计算原理如图 1-2 所示。

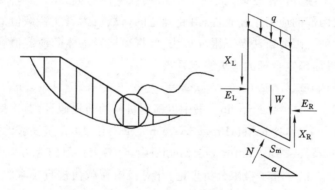

图 1-2　极限平衡法计算原理图

这种方法是工程上应用的最基本方法,它始于 Fellenius 创立的瑞典条分法[49],而后又经过众多学者修改完善,取得了较理想的成果,其中最具代表性的方法有:Bishop 及简化 Bishop 法[50]、Janbu 法及简化 Janbu 法[51]、Spencer 法[52]、Morgenstern-Price 法[53]等。表 1-1 列出了上述几种极限平衡方法所满足的平衡方程、滑面形态假设以及需采用的计算手段。此外,Sarma[54]提出复杂边坡稳定性分析的 Sarma 法,Chen[55]提出收敛性良好的改进 Morgenstern-Price 法,以及对 Sarma 法进行改进的剩余推力法(Residual Thrust Method,RTM)[56-57]等诸多极限平衡方法都极大地推动了边坡稳定性研究的发展。在我国,潘家铮院士等也对极限平衡理论进行了进一步地验证和发展,提出了一系列的新的理论,并在现场进行了应用[58-62]。

表 1-1　极限平衡法假设条件及满足的平衡方程

方法	满足的平衡条件				滑面形态	计算手段
	整体力矩	条块力矩	垂直力	水平力		
Fellenius	√	×	×	×	圆弧	人工
Bishop	√	√	√	×	圆弧	人工
简化 Bishop	√	×	√	×	圆弧	人工
Janbu	√	√	√	√	任意形态	计算机
简化 Janbu	√	√	√	×	任意形态	计算机
Spencer	√	√	√	√	任意形态	计算机
Morgenstern-Price	√	√	√	√	任意形态	计算机

1.2.3.2　极限分析法

随着塑性力学的快速发展,基于塑性力学基本原理衍生出的极限分析法对边坡稳定性定量分析取得了丰富成果。极限分析法能够灵活地选取机动许可的速度场来寻求边坡岩土体的破坏机制,可充分满足边坡岩土体破坏的运动学问题[63-65]。

极限分析法主要包括上限分析法和下限分析法。上限分析法是将满足速度场作为允许函数,求得的泛函值为荷载值的上限,因此,由上限分析法确定的荷载值为真实荷载值的上限[66-68]。下限分析法是确定一个不违背屈服条件的应力场,同时要求该应力场满足岩土体边界及内部的应力平衡条件,由此确定的荷载值为真实荷载值的下限[69-70]。通过极限分析法中的上限分析法及下限分析法,可将边坡岩土体的荷载值确定在一个合理的区间范围内,进而确定合理的边坡稳定系数[71-73]。

1950 年,Drucker、Greenberg、Prager 等[74]发表的著作《The Safety Factor of an Elastic-plastic Body in Plane Strain》,书中以稳定材料为前提假设,首次提出屈服准则相关联的流动法则。随后,Drucker,Prager,Greenberg[75]于 1952 年发表的著作《Extended Limit Design Theorems for Continuous Media》中,将静力许可的应力场以及运动许可的速度场联合起来,首次建立了极限分析理论,并对极限荷载值进行了求解,效果很好。在此基础上,1975 年,学者 Chen[76-77]将该方法应用于岩土体结构分析中,并发表专著详细说明了极限分析法在岩土体机构中的应用及计算流程。广大岩土工作者将其应用于地下空间工程[78-79]、边坡与基坑工程[80-83]、地基承载力计算[84-86]、围岩塌落及稳定分析[87-91]等诸多领域,获得了丰硕的成果。

极限分析法的核心在于破坏机构的建立。由于边坡岩土体为严格的 Mohr-Coulomb 材料,要求满足速度分离法则。即对于边坡岩土体速度间断面上的任意点,其相对速度的变化必然会伴随着一个分离速度,该分离速度方向与速度间断面切线方向平行,且与相对速度变化方向夹角为 φ(φ 为内摩擦角)[92-94]。以此为基础,Michalowski[95]提出对数螺旋线的旋转破坏机构以及直线的平移破坏机构。自然界中存在的边坡均为旋转破坏机构或平移破坏机构,亦或是两种破坏机构的相互组合。Michalowski 提出的边坡破坏机构示意图如图 1-3 所示。

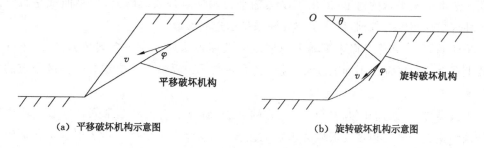

　　　　(a)　平移破坏机构示意图　　　　　　　　　　(b)　旋转破坏机构示意图

图 1-3　边坡破坏机构示意图

　　Michalowski 提出的对数螺旋线破坏机构得到了广大学者的认可,在此基础上,Michalowski[96]提出平动运动场稳定系数的极限解法。Donald[97]提出了倾斜划分与平动运动场的极限分析方法,使极限分析法获得了更广泛的应用。

1.2.4　露井联采边坡稳定性研究现状

　　露井联合开采技术的应用使得露天矿的生产能力及效率进一步加大。尽管露天边坡稳定性研究工作已开展近 200 年,但国内外学者对露井联采边坡稳定性的研究仍然不足[98-99]。

　　常来山等[100]根据 Kawarnoto 损伤张量概念、等效应变原理及断裂力学理论,对安太堡煤矿露井联采条件下的节理岩体损伤演化进行了模拟,得到了边坡岩体在露采与井采时损伤张量的时空分布演化特征。

　　吴剑平等[101]通过相似模拟试验,对安太堡露天矿南帮露井联采下边坡的破坏过程进行了研究,同时结合露天边坡破坏的模式以及边坡的沉降变形规律,对安太堡露天矿南帮边界参数进行了优化分析。

　　朱建明等[102]通过相似模拟试验对安太堡露天矿南帮 4# 煤和 9# 煤露井联合开采下露天边坡的破坏过程进行了研究,分析了边坡破坏模式以及边坡的沉降变形规律。

　　王东等[103]基于强度折减法,应用 RFPA-SRM 分别模拟了单一露天开采条件下和露井联采条件下边坡岩体的变形破坏过程,计算了两种条件下边坡的稳定性。通过对模拟结果进行分析研究表明:露井联采时边坡大范围岩体的剪应力升高,边坡稳定性下降;应力环境的改变是露井联采边坡稳定性下降的根本原因。

　　王东等[104]同时考虑拉伸和剪切两种破坏判据,应用 RFPA 强度折减法对露井联采逆倾边坡岩移规律及稳定性进行了数值模拟。通过对比分析单一露天开采和露井联采条件下边坡岩体变形破坏规律、位移演化规律及应力分布特征的差异,揭示了地下开采对露天矿逆倾边坡岩移规律及稳定性的影响和原因。

　　王东等[105]基于典型滑坡位移-时间特征,提出用位移历史曲线与位移加速度历史曲线形态判断边坡稳定性状态,并详细对比分析了布置在井工开采边界以及边坡走向与倾向方向上各监测线的地表位移监测数据。

　　马进岩等[106]构建了露井联采模式下的三类工程地质模型和数值计算模型,基于露井联采边坡运输平台的稳定,提出了以运输平台两端点最大沉降差、位移曲线是否收敛和塑性区贯穿程度为判据,优化了露井联采矿山边界参数。

朱建明等[107]将露井联采下露采边坡岩体破坏规律划分为 3 个破坏分区,地下开采导致上述 3 个分区存在不同的变形特征,其露井联采边界参数是决定 3 个分区稳定的关键因素。

丁鑫品等[108]采用相似材料模拟实验的方法,研究了露天矿端帮煤柱回收过程中顺坡开采和逆坡开采对边坡变形破坏影响的差异性,构建力学模型分析了引起工作面煤壁侧垮落角小于开切眼侧垮落角的根本原因。

丁鑫品,王俊,李伟,等[109]通过理论分析和相似材料模拟实验,提出了控制露井联采边坡稳定的"关键层"概念,建立工程力学模型,推导出了关键层耦合作用下露井联采边坡滑动深度的预计公式。

孙世国等[110]最先系统探讨了露井联采条件下边坡岩体的滑移机制,尤其推导得出了边坡稳定系数计算式,但由于引入了一很难准确获得的中间未知量——岩体的变形参量,使得该方法没有被广泛应用。

王东等[111]首次将露井联采逆倾边坡的破坏模式划分为三种类型,据此提出了计算边坡稳定性的极限平衡分析法,同样因为极难获得岩土体的残余应力值,目前很少有人使用这一方法。

对于单一露天开采条件下边坡稳定计算方法研究,获得了大量理论成果,并取得了良好的实践效果,但对于露井联采边坡稳定性计算方法研究,尚未形成统一的算法,尤其对于端帮开采条件下的露井联采边坡稳定性问题基本没有提及。

综上所述,国内外学者对井工开采条件下煤柱稳定性及单一露天开采条件下边坡稳定性做了大量研究工作。但是,和其他种类的煤相比,褐煤煤质较软具有显著的流变特性,因此在设计支撑煤柱参数过程中,应在原有的理论基础上对褐煤的时效性进行研究;相较于井工开采煤柱受均布载荷作用,端帮开采支撑煤柱受边坡"三角载荷"作用,支撑煤柱支撑应力峰值位置及支撑应力分布形态较井工开采有很大不同;对于端帮开采含采硐条件下边坡稳定性研究较少,并且支撑煤柱稳定性与边坡稳定性相互影响,因此,需要对端帮开采条件下支撑煤柱及边坡稳定性的互馈机制进行深入研究,协同优化设计支撑煤柱参数与边坡形态。研究成果对于露天矿端帮开采理论体系的建立具有重要意义。

1.3　本书研究内容

本书为解决端帮开采条件下支撑煤柱失稳机理、边坡稳定性计算方法及煤柱与边坡稳定性的互馈机制的难题,综合应用剪切蠕变试验、数值模拟、相似模拟试验、理论分析等方法,对回采煤体的时变特性规律、煤柱支撑应力峰值位置、支撑应力分布形态、极限强度及塑性区分布特征进行研究,同时对煤柱失稳机理及演化规律,煤柱的失稳判据,边坡的潜在滑坡模式及随采深增加煤柱两侧塑性区宽度变化规律等亦进行了深入系统的研究。本书主要研究内容如下。

（1）支撑煤柱强度的时变特性研究

应用自主研制试验机完成煤体试件原样直剪和剪切蠕变试验，基于各级法向应力条件下不同水平应力作用下的蠕变曲线，通过拟合试验结果确立煤体的目标时间强度，进而获得煤柱抗剪强度指标随时间增加的变化规律，为支撑煤柱参数设计提供基础数据。

（2）煤柱支撑应力分布及失稳演化规律研究

建立端帮开采数值计算模型，研究煤柱走向和倾向支撑应力分布规律、煤柱的塑性区分布特征，获得煤柱支撑应力峰值位置分布规律、支撑应力分布形态及煤柱的极限强度，揭示煤柱的失稳机理，设计煤柱的留设宽度；建立二维等效相似材料模拟模型，研究煤柱失稳演化规律，验证煤柱留设宽度的合理性。

（3）支撑煤柱失稳判据及参数设计方法研究

基于数值模拟及相似试验结果，建立支撑煤柱承载模型，结合突变理论构建尖点突变模型，推导煤柱的失稳充分必要条件，研究煤柱失稳过程；建立支撑煤柱力学模型，基于极限平衡理论，推导煤柱两侧屈服区宽度计算式，结合煤柱失稳判据及安全储备系数要求，提出煤柱参数的设计方法。

（4）端帮开采边坡稳定性计算方法研究

基于非贯通断续结构面理论，分析端帮开采条件下边坡失稳破坏模式，对端帮开采区域进行分区，研究边坡载荷作用下随采深增加煤柱两侧塑性区宽度变化规律，进而获得结构面抗剪强度参数变化规律，提出恰当的稳定性计算方法，定量分析端帮开采对边坡稳定性影响。

（5）支撑煤柱与边坡稳定性互馈机制研究

阐明端帮开采条件下支撑煤柱与边坡稳定性互馈机制，研究并量化二者的相互影响，协同优化设计既能满足煤柱稳定、边坡稳定，又可使露天开采及端帮开采回采率最大的煤柱留设宽度及边坡形态。

1.4 研究方法与技术路线

本书采用蠕变试验、数值模拟、相似材料模拟试验、Mohr-Coulomb 强度理论、突变理论、极限平衡理论等多种手段与方法相结合的方式，研究端帮开采支撑煤柱与边坡稳定性及二者互馈机制。具体研究方法描述如下：

（1）蠕变试验

通过煤样的剪切蠕变试验，获得各级法向应力条件下不同水平应力作用下的蠕变曲线，进而获得煤柱抗剪强度参数及其随时间的变化规律。

（2）数值模拟

应用大型岩土有限差分软件 FLAC³ᴰ 研究边坡载荷条件下支撑煤柱应力分布规律、极限强度及塑性区分布特征，分析煤柱支撑应力与极限强度关系，揭示煤柱失稳机理，完成支撑煤柱参数设计。

（3）相似材料模拟试验

结合数值模拟支撑煤柱支撑压力峰值位置及其极限强度,构建二维等效相似材料模型,研究煤柱支撑应力变化规律,揭示煤柱失稳演化规律。

（4）突变理论

建立支撑煤柱力学承载模型,基于尖点突变模型,研究煤柱失稳过程,推导端帮开采支撑煤柱发生突变失稳的判据。

（5）Mohr-Coulomb 强度理论

构建支撑煤柱力学模型,分析支撑煤柱受力状态,基于 Mohr-Coulomb 强度理论,推导煤柱极限强度公式,进而将其应用于支撑煤柱屈服宽度和煤柱尺寸的解析计算。

（6）极限平衡理论

基于断裂力学非贯通断续结构面理论,等效端帮开采后演化弱层的力学参数,通过极限平衡法计算含端帮开采硐室的边坡稳定系数 F_s。

针对本书研究内容与方法,形成的技术路线图如图 1-4 所示。

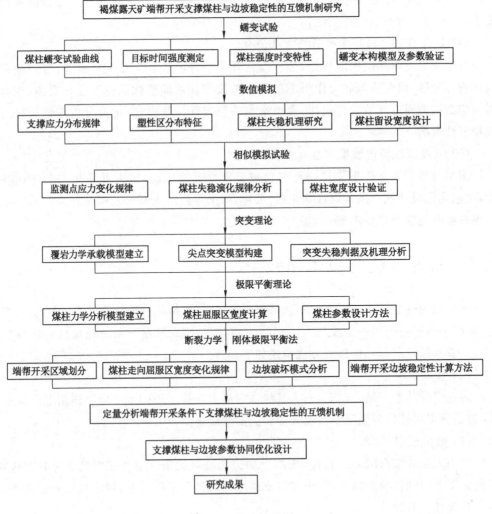

图 1-4　技术路线图

2　工程背景及支撑煤柱强度的时变特性研究

掌握端帮开采的应用工程背景是充分认识支撑煤柱失稳机理、科学评价边坡稳定性的前提和基础。因此,有必要全面调查端帮开采工程地质背景——霍林河北矿西端帮的工程地质条件,充分认识端帮采煤机开采技术参数。软岩的蠕变性能是影响岩土工程稳定性的重要力学特性。认识随时间增加煤体的蠕变力学参数变化规律,是进行支撑煤柱参数设计的基础,亦是保证边坡长期稳定的前提。

2.1　工程背景

2.1.1　边坡工程地质条件

(1)工程概况

霍林河北矿隶属于内蒙古霍林河露天煤业股份有限公司。煤田长 60 km,宽约 7～10 km,含煤面积 443.8 km²,呈北东-南西条带状展布。霍林河北矿始建于 1985 年,初期年产不足 1 万吨,自 2001 年发展迅速,生产规模从年产 500 万 t 发展到目前的 1 000 万 t,实现了跨越式发展。霍林河北矿采场走向长度为 5.1 km,主采煤层为 19 号及 21 号煤,为优质褐煤。霍林河北矿年计划推进度 360 m,要求 21 号煤层沿底板采出,以尽快实现内排,内排追踪距离为 50 m。

(2)地形地貌

霍林河煤田处于大兴安岭南段脊部,为一山间盆地,东北低西南高,海拔标高在 870～940 m,比高 70 m。煤田总体呈 NE-SW 狭长形展布,四周为中低山峦所环抱,海拔标高 1 100～1 350 m。

(3)地层岩性

霍林河北矿西端帮地层自上而下为:第四系(Q)、上第三系(N_1)、上侏罗-下白垩霍林河群(J_3k_1h)。

① 上侏罗-下白垩霍林河群(J_3k_1h)

霍林河群自下而上由砂砾岩段($J_3k_1h^1$)、下泥岩段($J_3k_1h^2$)、下含煤段($J_3k_1h^3$)、上泥岩段($J_3k_1h^4$)组成。

② 上第三系(N_1)

上部由紫色、红色冲积黏土、亚黏土组成。下部由褐色、红色及杂色冲积、洪积沙砾石组成。

③ 第四系（Q）

下部由黄褐色-浅灰色冲、洪积砂砾石构成。中部为黑色湖泊沼泽相淤泥质亚黏土构成。上部由黄色、黄褐色及浅灰色中、细砂组成。

根据霍林河北矿西端帮边坡工程实际可知其地层呈层状近水平分布，在走向方向上地层岩性无明显变化，自上而下边坡各地层岩性分布如图 2-1 所示。

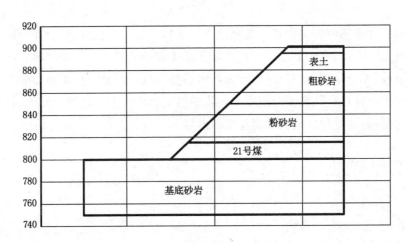

图 2-1　边坡各地层岩性分布示意图

（4）地质构造及水文地质条件

在本区内已确定存在两组急倾斜的正断层，两组正断层走向分别为北东-南西方向及东西方向。煤岩节理裂隙不发育，完整性较好。霍林河为本区主要河流，最大流量 1 m³/s，最小 0.37 m³/s。地下水类型主要有松散砂砾层孔隙水及第四系风化带孔隙裂隙水。地下水埋深 1～2 m，渗透系数 5.339～17.93 m/d。

2.1.2　端帮开采技术参数及岩土体力学指标

（1）端帮开采技术参数

应用 LDC100 型端帮采煤机对端帮滞留煤沿底板进行打硐回采。开采方式为硐内无人开采，开采能力为 60 t/h，适宜的煤岩硬度 f≤2，适合完成褐煤露天矿端帮回采工作。回采硐室断面为矩形，开采宽度 2 m，高 2.5 m，最大开采深度为 100 m，三天完成一次回采工作。

本书主要针对端帮采煤机单层开采，只留设支撑煤柱，不留永久煤柱条件下的支撑煤柱及边坡稳定性的互馈机制进行研究。

（2）岩土体常规物理力学指标

霍林河北矿煤系地层岩性多以砂岩为主，抗压强度较大。通过分析以往的岩石直接剪切试验、变角剪切强度试验、三轴压缩试验、单轴抗压强度试验、劈裂法抗拉试验、弹模试验的结果,确定了端帮岩土体的物理力学指标,见表 2-1。

表 2-1 岩土体力学指标

岩层层组	抗压强度/MPa	抗拉强度/MPa	内聚力/MPa	内摩擦角/(°)	弹性模量/GPa	泊松比	密度/(kg·m⁻³)
基底砂岩	45.19	3.40	2.18	23	15.16	0.22	2 010
21 号煤	17.66	2.06	—	—	7.41	0.29	1 270
粉砂岩	25.76	3.02	2.35	25	14.58	0.21	2 090
粗砂岩	51.43	4.90	2.12	22	15.62	0.21	1 990
表土	9.49	1.34	0.24	20	5.69	0.3	2 671

2.2 蠕变试验系统及方案

实验室试验是了解岩石力学特性的基本手段,本章利用杠杆式重力加载软岩剪切蠕变试验机,以霍林河北矿西端帮褐煤煤样为研究对象,开展褐煤原样直剪试验和剪切蠕变试验,研究不同时间条件下煤体的时变特性[112-113]。

2.2.1 试验系统及煤样制备

本次试验应用的杠杆式重力加载软岩剪切蠕变试验机如图 2-2 所示。该设备能够进行软岩直剪试验和剪切蠕变试验,可实时监测整个试验过程剪切位移变化,满足试验要求。该设备主要由试验机主体、加载部分及位移采集部分组成。试验机主体由保持系统平衡的方形模块及位于内部的剪切盒组成,加载部分由施加法向应力及水平剪切应力的杠杆,秤钩及砝码组成,位移采集主要通过千分表记录读取。试验过程为:将试件用水泥固定于剪切盒内,调节螺栓与螺母使上下剪切盒间留有一定距离,以达到预留剪切面的目的,然后将剪切盒安装在试验机模块内,通过杠杆对剪切盒上半部分施加法向应力及水平剪应力,应用千分表读取煤样剪切位移,据此研究煤样的蠕变特性。

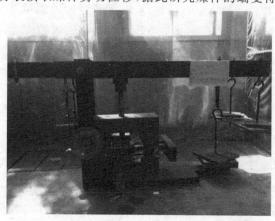

图 2-2 杠杆式重力加载软岩剪切蠕变试验机

该设备相较现有的直剪流变仪具有如下特点：① 施加水平剪切应力和垂直法向应力操作方便简单，重力加载方式保证了试验过程应力的稳定性；② 水平剪切位移测量精准，位移的大小由千分表测出，千分表的量程为 10 mm，测量误差为 0.001 mm；③ 试验过程中湿度保持恒定，将煤样外部套上一层保鲜膜，保证试件在整个试验过程当中湿度恒定；④ 温度恒定，将试验机安装在塑料棚内，通过恒温装置控制试验温度（见图 2-3）；⑤ 以往软岩蠕变试验采用重塑法以及相似材料法，这两种方法都破坏了煤岩的物理力学性质，得出的数据不准确。试验机克服了软岩难以制成标准试件的难题，可完成煤样原样蠕变试验，即在褐煤试件不是标准试件情况下也可在该设备上完成剪切蠕变试验。

图 2-3　恒温装置

本书煤样取自霍林河北露北矿西端帮，为最大限度接近现场工程实际，选取端帮采煤机最新采出的 50 mm³ 左右煤块，密封后装入特制木箱中，煤块之间采用木屑和泡沫充填，以防止搬运过程中造成的损坏。对取回的煤样不做任何加工处理，首先将试样的外部包上一层保鲜膜，确保在试验过程中试样湿度不变；然后将包好的煤样放入下剪切盒，把拌好的填充物（水泥、沙子）装入下剪切盒，水泥与沙子的比例为 1∶1，用小锤将填充物锤实，使煤样固定于剪切盒中部，用泥板磨平后等待填充物硬化 24 h；24 h 后安装上剪切盒，在上、下剪切盒间插入 2 mm 左右厚度泡沫，调节螺栓及螺母移动上剪切盒至其刚好接触到泡沫，以达到预留剪切面的目的；在上剪切盒里倒入填充物，重复上一制作步骤，锤实磨平后再次等待填充物硬化 24 h。通过上述煤样制备方法，解决了试件上部不规则而不能做压缩蠕变试验的难题。煤样的制作流程如图 2-4 所示。

2.2.2　试验方案

考虑到煤样力学特性的离散性问题，本次褐煤蠕变试验采用分级加载法。利用杠杆式重力加载软岩剪切蠕变试验机，对煤样进行不同法向应力条件下剪切蠕变试验。具体试验方案如下：

① 煤样直剪力学试验。对取回煤样进行直剪试验，测定法向应力为 0.6 MPa、0.8 MPa、1.0 MPa 及 1.2 MPa 条件下煤样的抗剪强度，为剪切蠕变试验水平剪应力分

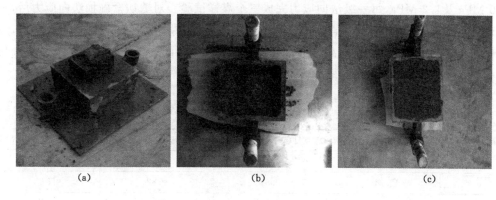

图 2-4　不规则试样制作流程

级荷载设定提供依据。

② 煤样剪切蠕变特性试验。端帮采煤机回采一次所需时间为 3 d,只需支撑煤柱在 3 天内不发生破坏,便可保证端帮采煤机安全开采工作。根据霍林河北矿年计划推进度 360 m 计算,每个月推进 30 m,平均每天向前推进 1 m,采场与排土场间距离 50 m,采掘工作空间 20 m,端帮开采工作空间 10 m,因此排土场与端帮开采作业空间距离为 20 m,即经过 20 天后可实现端帮开采部分内排压帮工作。需支撑煤柱在 20 天内不发生破坏,方可保证端帮稳定。

综合考虑端帮开采煤柱的安全和边坡稳定性,使煤体力学强度的时效性和支撑煤柱服务时间相匹配,以实现内排耗时作为支撑煤柱的目标服务时间,将与该时间相对应的煤柱强度定义为目标时间强度。为此,结合霍林河北矿西端帮压煤回采工程布置,确定通过剪切蠕变试验测定煤体的 20 天目标时间强度,以此为基础对边坡支撑煤柱及边坡稳定性进行研究。考虑到各个露天矿内排追踪速度各不相同,为使研究结果更具普适性,需测试煤体 7 天及 14 天目标时间强度,研究随时间增加煤柱强度变化规律。

③ 根据直剪试验获得的试验抗剪强度,设置各级加载载荷大小,保证煤样在前 6 天不被剪坏,在第 7 天发生破坏,煤样在前 13 天不被剪坏,在第 14 天发生破坏,以及在煤样前 19 天不被剪坏,在第 20 天发生破坏获得 7 天、14 天及 20 天目标时间剪切强度。每一级法向应力完成 3 个煤样,获得各个煤样破坏时剪应力,以破坏剪应力的前一级荷载作为该试件的目标时间强度,取 3 个煤样的平均水平应力作为该级法向应力下的剪切强度。

2.3　支撑煤柱强度随时间变化规律

2.3.1　直剪试验结果分析

在进行煤样剪切蠕变试验之前,首先完成煤样的直剪试验,测定该煤样的抗剪强度,据此设定剪切蠕变试验的水平初始应力及各级载荷的大小。

试验共设定四级法向应力,褐煤煤质较软,应力分别设定为 0.6 MPa、0.8 MPa、

1.0 MPa及1.2 MPa,每一级法向应力完成三个煤样试验。对剪切盒施加法向应力后,不断增大水平剪切应力的加载,直到试件发生剪切破坏,获得各个试件破坏时的剪应力,以3个试件的平均剪应力作为该试件的抗剪强度。在各级法向应力条件下煤样的直剪试验抗剪强度分别为0.766 MPa、0.840 MPa、0.907 MPa及0.980 MPa,试验结果如表2-2所示。

表2-2　直剪试验抗剪强度

法向应力/MPa	1#试件破坏剪应力/MPa	2#试件破坏剪应力/MPa	3#试件破坏剪应力/MPa	平均值破坏剪应力/MPa
0.6	0.77	0.75	0.81	0.777
0.8	0.91	0.81	0.82	0.847
1.0	0.93	0.88	0.95	0.92
1.2	1.03	0.99	0.96	0.993

根据摩尔库伦强度理论,破坏面上的剪应力是该面上法向正应力的函数,这个函数在坐标中是一条曲线,摩尔包络线表示材料受到不同水平应力作用达到极限状态时滑动面上与法向应力的关系,理论分析和实验都证明,摩尔包络线通常近似地用直线代替,该直线方程就是库伦公式,摩尔强度方程为:

$$\tau = c + \sigma\tan\varphi \tag{2-1}$$

式中　τ——岩土体剪切应力,MPa;

　　　σ——法向应力,MPa;

　　　c——内聚力,MPa;

　　　φ——内摩擦角,(°)。

应用Origin软件对表2-2试验结果进行拟合,拟合曲线如图2-5所示。直剪试验拟合方程可表示为:

$$\tau = 0.56 + 0.36\sigma \tag{2-2}$$

其中,拟合系数$R^2 = 0.999\,1$。

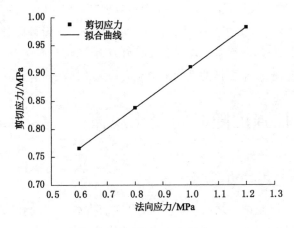

图2-5　直剪试验曲线拟合

通过计算获得煤样的抗剪强度指标内聚力 $c=0.56$ MPa,内摩擦角 $\varphi=19.8°$。

2.3.2 剪切蠕变试验结果分析

(1) 7天目标时间强度结果分析

试验采用分级加载法,首先根据直剪试验获得的煤样抗剪强度及加载过程中位移曲线变化趋势,设置各级加载载荷大小,保证煤样在前6天不被剪坏,在第7天发生破坏获得煤样7天目标时间剪切强度。试验设定四级法向应力,每一级法向应力完成3个煤样试验,获得各个煤样破坏时剪应力,以破坏剪应力的前一级荷载作为该试件的目标时间强度,取3个试件的平均水平应力作为该级法向应力下的剪切强度。

图2-6~2-9所示为各级法向应力下煤样不同水平应力作用下蠕变曲线,以分析煤样破坏时剪应力,并据此确定各个煤样的7天平均目标时间强度,见表2-3。在法向应力为0.6 MPa、0.8 MPa、1.0 MPa 及 1.2 MPa 时,煤样的7天平均目标时间强度分别为0.74 MPa、0.81 MPa、0.88 MPa 及 0.95 MPa。

表 2-3　剪切蠕变试验 7 天目标时间强度

法向应力/MPa	1# 试件目标时间强度/MPa	2# 试件目标时间强度/MPa	3# 试件目标时间强度/MPa	平均值目标时间强度/MPa
0.6	0.72	0.76	0.74	0.74
0.8	0.81	0.77	0.85	0.81
1.0	0.90	0.88	0.86	0.88
1.2	0.95	0.93	0.97	0.95

(2) 14天目标时间强度结果分析

根据直剪试验获得的煤样抗剪强度及加载过程中位移曲线变化趋势,设置各级加载载荷大小,保证试件在前13天不被剪坏,在第14天发生破坏获得煤样14天目标时间剪切强度。

图2-10~2-13所示为各级法向应力下煤样不同水平应力作用下蠕变曲线,在法向应力为0.6 MPa、0.8 MPa、1.0 MPa 及 1.2 MPa 时,煤样的14天目标时间抗剪强度分别为0.71 MPa、0.78 MPa、0.85 MPa 及 0.92 MPa,见表2-4。

表 2-4　剪切蠕变试验 14 天目标时间强度

法向应力/MPa	1# 试件目标时间强度/MPa	2# 试件目标时间强度/MPa	3# 试件目标时间强度/MPa	平均值目标时间强度/MPa
0.6	0.75	0.71	0.73	0.71
0.8	0.74	0.78	0.82	0.78
1.0	0.85	0.83	0.87	0.85
1.2	0.94	0.92	0.90	0.92

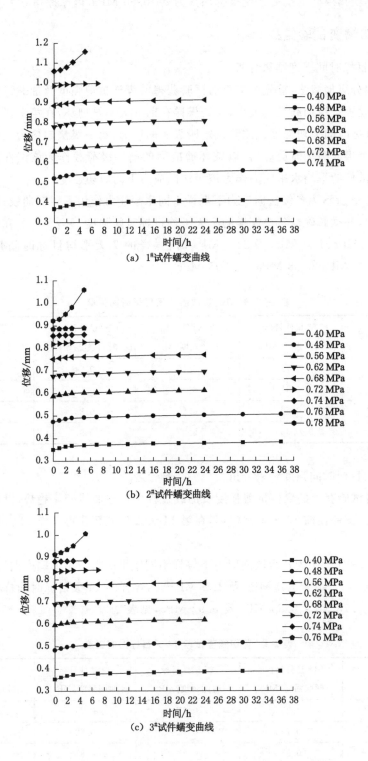

(a) 1#试件蠕变曲线

(b) 2#试件蠕变曲线

(c) 3#试件蠕变曲线

图 2-6　法向应力 0.6 MPa 时不同水平应力作用蠕变曲线

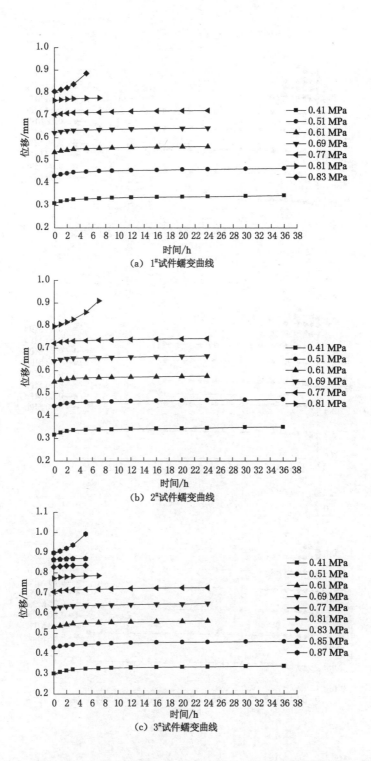

(a) 1#试件蠕变曲线

(b) 2#试件蠕变曲线

(c) 3#试件蠕变曲线

图 2-7   法向应力 0.8 MPa 时不同水平应力作用蠕变曲线

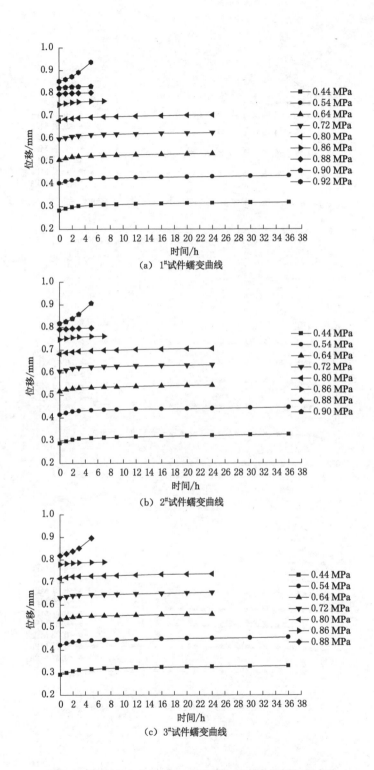

图 2-8　法向应力 1.0 MPa 时不同水平应力作用蠕变曲线

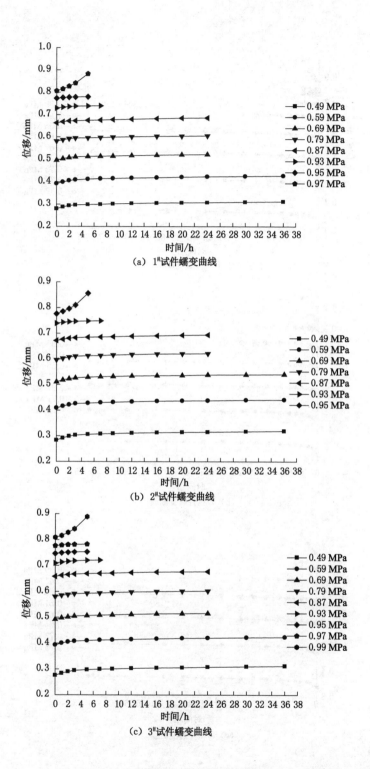

（a）1#试件蠕变曲线

（b）2#试件蠕变曲线

（c）3#试件蠕变曲线

图 2-9 法向应力 1.2 MPa 时不同水平应力作用蠕变曲线

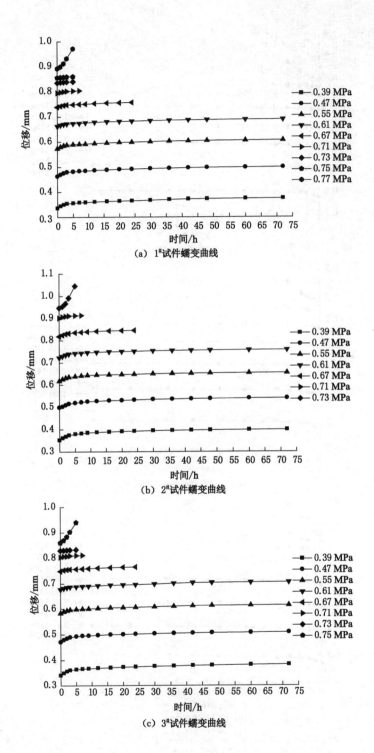

图 2-10　法向应力 0.6 MPa 时不同水平应力作用蠕变曲线

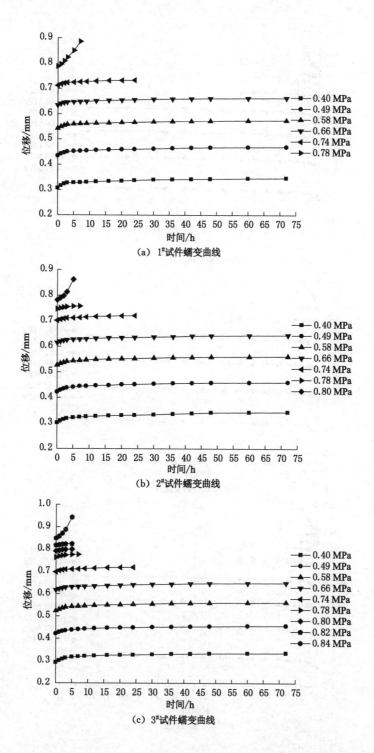

图 2-11 法向应力 0.8 MPa 时不同水平应力作用蠕变曲线

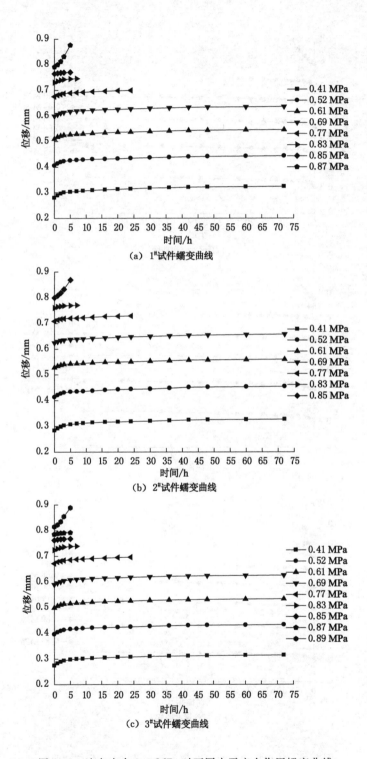

(a) 1#试件蠕变曲线

(b) 2#试件蠕变曲线

(c) 3#试件蠕变曲线

图 2-12　法向应力 1.0 MPa 时不同水平应力作用蠕变曲线

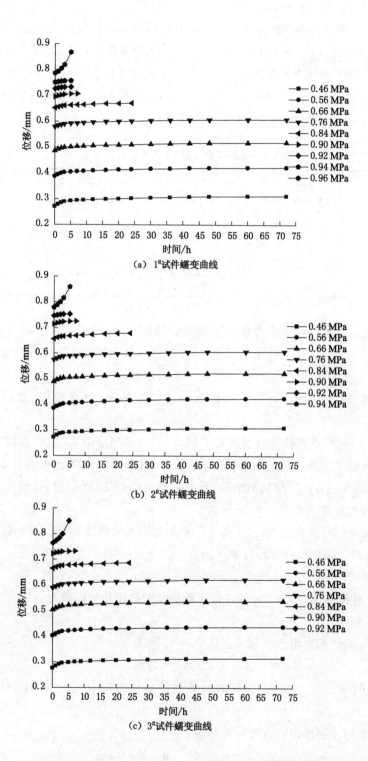

图 2-13 法向应力 1.2 MPa 时不同水平应力作用蠕变曲线

（3）20 天目标时间强度结果分析

根据直剪试验获得的煤样抗剪强度及加载过程中位移曲线变化趋势，设置各级加载载荷大小，保证试件在前 19 天不被剪坏，在第 20 天发生破坏获得 20 天目标时间强度。

图 2-14～2-17 所示为各级法向应力下煤样不同水平应力作用下蠕变曲线，在法向应力为 0.6 MPa、0.8 MPa、1.0 MPa 及 1.2 MPa 时，煤样的 20 天目标时间抗剪强度分别为 0.68 MPa、0.75 MPa、0.81 MPa 及 0.88 MPa，见表 2-5。

表 2-5　剪切蠕变试验 20 天目标时间强度

法向应力 /MPa	1# 试件目标 时间强度/MPa	2# 试件目标 时间强度/MPa	3# 试件目标 时间强度/MPa	平均值目标 时间强度/MPa
0.6	0.70	0.66	0.68	0.68
0.8	0.71	0.75	0.79	0.75
1.0	0.81	0.83	0.79	0.81
1.2	0.88	0.84	0.92	0.88

观察蠕变试验不同水平应力作用下蠕变曲线可知，在较低的水平应力作用下，蠕变曲线只存在瞬态蠕变阶段和稳定蠕变阶段，并不产生加速蠕变。在这样的水平应力作用下，煤样试件不会发生破坏，变形最后趋向一个稳定值；相对应，在较高水平应力作用下，试件经过短暂的稳定蠕变阶段，立即进入加速蠕变阶段，直至破坏，此过程持续时间较短。

由图 2-18 可知，剪切破坏表面较为平整均匀，存在明显擦痕，表明在蠕变的过程中，煤样内部破坏裂隙不断累积发展，两侧煤样不断摩擦，最终导致破坏的时效性特征。此外，煤样的蠕变性质具有一定的离散性，且剪切蠕变的破坏特征与材料的分布，甚至一些微裂隙的发育程度密切相关。

应用 Origin 软件拟合表 2-3、2-4 及 2-5 试验结果，拟合曲线如图 2-19～图 2-21 所示。

7 天目标时间强度拟合方程可表示为：

$$\tau = 0.53 + 0.35\sigma \tag{2-3}$$

其中，拟合系数 $R^2 = 0.9998$。计算获得煤样的抗剪强度指标内聚力 $c_7 = 0.53$ MPa，内摩擦角 $\varphi_7 = 19.3°$。

14 天目标时间强度拟合方程可表示为：

$$\tau = 0.51 + 0.34\sigma \tag{2-4}$$

其中，拟合系数 $R^2 = 0.9996$。煤样的抗剪强度指标内聚力 $c_{14} = 0.51$ MPa，内摩擦角 $\varphi_{14} = 18.8°$。

20 天目标时间强度拟合方程可表示为：

$$\tau = 0.48 + 0.335\sigma \tag{2-5}$$

其中，拟合系数 $R^2 = 0.9994$。煤样的抗剪强度指标内聚力 $c_{20} = 0.48$ MPa，内摩擦角 $\varphi_{20} = 18.5°$。

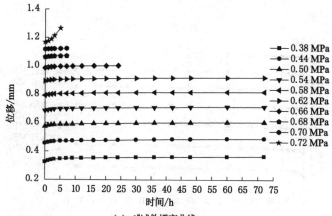

(a) 1#试件蠕变曲线

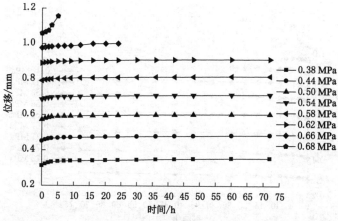

(b) 2#试件蠕变曲线

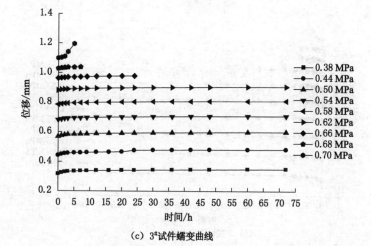

(c) 3#试件蠕变曲线

图 2-14 法向应力 0.6 MPa 时不同水平应力作用蠕变曲线

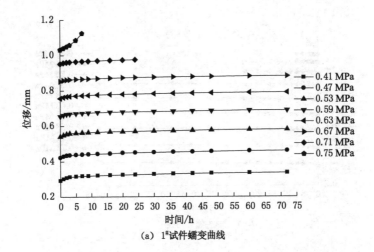

(a) 1#试件蠕变曲线

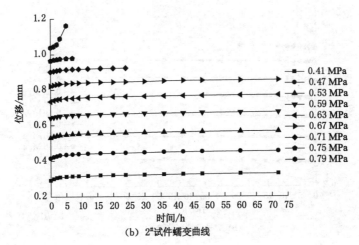

(b) 2#试件蠕变曲线

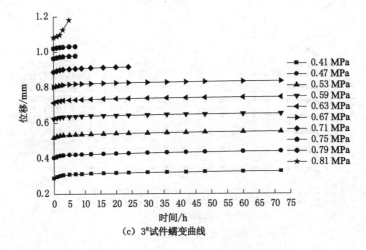

(c) 3#试件蠕变曲线

图 2-15 法向应力 0.8 MPa 时不同水平应力作用蠕变曲线

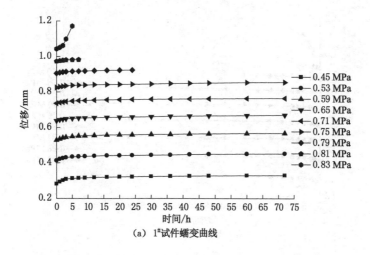

（a）1#试件蠕变曲线

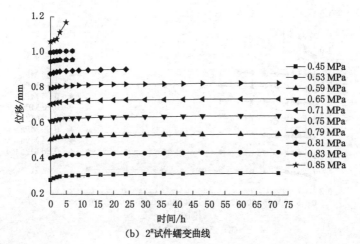

（b）2#试件蠕变曲线

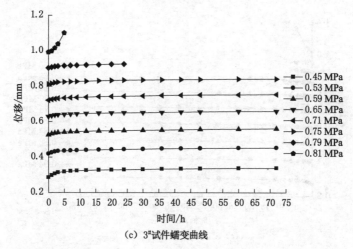

（c）3#试件蠕变曲线

图 2-16　法向应力 1.0 MPa 时不同水平应力作用蠕变曲线

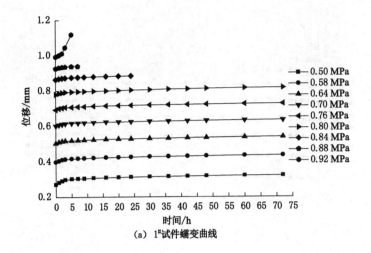

(a) 1#试件蠕变曲线

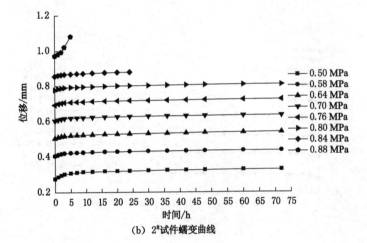

(b) 2#试件蠕变曲线

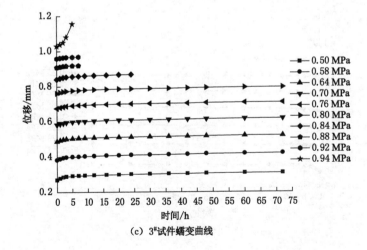

(c) 3#试件蠕变曲线

图 2-17　法向应力 1.2 MPa 时不同水平应力作用蠕变曲线

(a)　　　　　　　　　　　　　　　(b)

图 2-18　煤样剪切蠕变破坏形式

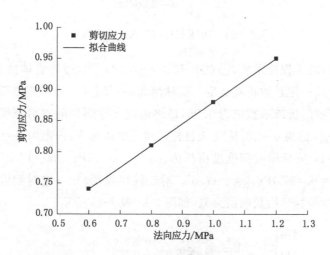

图 2-19　7 天目标时间强度曲线拟合

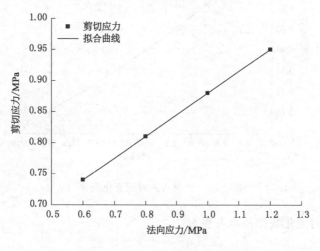

图 2-20　14 天目标时间强度曲线拟合

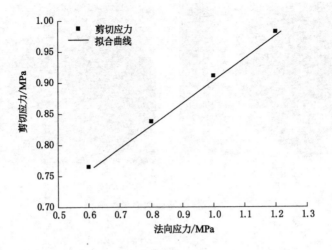

图 2-21　20 天目标时间强度曲线拟合

根据《建筑边坡工程技术规范》(GB 50330—2013)[114]，边坡岩体的力学参数可根据岩块的力学参数按一定系数折减确定。霍林河北矿西端帮节理调查结果表明，煤体裂隙不发育，完整性良好，折减系数取为 0.95，最终确定支撑煤柱的直剪强度指标为：内聚力 $c=0.53$ MPa，内摩擦角 $\varphi=18.8°$；7 天目标时间强度指标为：内聚力 $c_7=0.50$ MPa，内摩擦角 $\varphi_7=18.3°$；14 天目标时间强度指标为：$c_{14}=0.48$ MPa，$\varphi_{14}=17.9°$；20 天目标时间强度指标为：$c_{20}=0.46$ MPa，$\varphi_{20}=17.6°$。对于浅埋煤层，在一定时期内，随着时间的增加，煤柱抗剪力学指标呈指数曲线衰减，如图 2-22 及 2-23 所示。

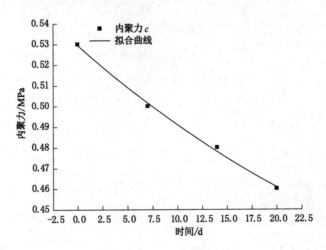

图 2-22　内聚力随时间变化规律

内聚力随时间变化规律拟合方程为：
$$c_t = 0.18e^{-0.00243t} + 0.35 \tag{2-6}$$

式中　c_t——目标时间内聚力，MPa；

　　　t——目标时间，h。

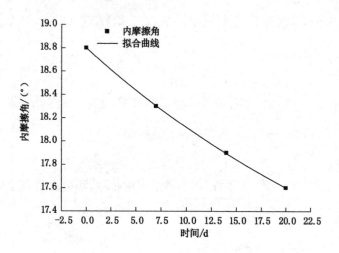

图 2-23 内摩擦角随时间变化规律

内摩擦角随时间变化规律拟合方程为：

$$\varphi_t = 2.84\mathrm{e}^{-0.027\,35t} + 15.96 \qquad\qquad (2\text{-}7)$$

式中　φ_t——目标时间内摩擦角，MPa；

　　　t——目标时间，h。

2.4　蠕变本构模型及参数验证

2.4.1　非线性剪切蠕变模型

岩石流变过程往往是弹性、黏性、塑性、黏弹性和黏塑性等多种变形共存的一个复杂过程，因而需要采用多种元件（线性和非线性元件）的复合来对其进行模拟。传统的西原模型只能模拟初始蠕变和稳态蠕变阶段，而对于非线性加速蠕变阶段难以描述，因此，给传统的西原模型串联一个改进的 NRC 模型，组合成一个新的岩石非线性黏弹塑性剪切流变模型（见图 2-24）来进行模拟。该非线性剪切蠕变模型的状态及蠕变方程分如下所述。

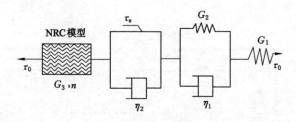

图 2-24　岩石非线性黏弹塑性剪切流变模型

线性阶段：

（1）当 $\tau_0 \leqslant \tau_s$ 时，非线性黏塑性体失效，成为三元件广义 Kelvin 流变模型，相应的蠕变方程为：

$$u = \frac{\tau_0}{G_1} + \frac{\tau_0}{G_1}(1 - e^{-\frac{G_2}{\eta_1}})\tag{2-8}$$

（2）当 $\tau_0 > \tau_s$ 且 $t \leqslant t_p$ 时，是传统的西原流变模型，相应的蠕变方程为：

$$u = \frac{\tau_0}{G_1} + \frac{\tau_0 - \tau_s}{\eta_2}t + \frac{\tau_0}{G_2}(1 - e^{-\frac{G_2}{\eta_1}})\tag{2-9}$$

非线性阶段：

（3）当 $\tau_0 > \tau_s$ 且 $t > t_p$ 时，改进的 NRC 模型发挥作用，相应的蠕变方程为：

$$u = \frac{\tau_0}{G_1} + \frac{\tau_0}{G_2}(1 - e^{-\frac{G_2}{\eta_1}}) + \frac{H(\tau_0 - \tau_s)}{\eta_2}t + \frac{\tau_0}{G_3}\{1 - e^{-\left[\frac{H(t-t_p)}{t_{FR}-t_p}\right]^n}\}\tag{2-10}$$

式中　G_1——瞬时剪切模量，GPa；

　　　u——总的剪切位移，m；

　　　τ_0——剪切应力，MPa；

　　　G_2——黏弹性剪切模量，GPa；

　　　η——黏滞系数，τ_s 为屈服强度，MPa；

　　　t_p——岩石发生加速蠕变的时间，Min；

　　　t_{FR}——岩石破坏的瞬间时刻；

　　　G_3, n——NRC 模型中的蠕变参数。

2.4.2　参数的确定及验证

基于褐煤剪切蠕变试验结果，采用精确可靠的技术方法对蠕变模型中的参数进行识别，使模型拟合曲线能与试验曲线更好地吻合，使我们能更好地认识蠕变本构关系。本书基于 BFGS 算法和通用全局优化法的数学优化软件 1st Opt 对 20 天目标时间强度蠕变试验曲线进行辨识，得出相关参数见表 2-6 和 2-7。分别对 2# 试件正应力 0.8 MPa 及 1.0 MPa 条件下的剪切蠕变变试验值与所建立的非线性剪切蠕变模型的对比，见图 2-25 及图 2-26。由图可知，褐煤非线性剪切蠕变模型拟合曲线与直剪试验结果吻合良好，且与本书所描述的蠕变特性完全符合，表明所建立的非线性剪切蠕变理论模型的正确性与合理性。

表 2-6　褐煤线性剪切蠕变模型参数

试件序号	σ/MPa	τ/MPa	G_1/(MPa/mm)	G_2/(MPa/mm)	η_1/[(MPa·h)/mm]	η_2/[(MPa·h)/mm]
1#	0.60	0.38	1.17	12.67	95.73	93.33
		0.44	0.96	16.36	336.36	113.75
		0.50	0.87	20.67	337.87	93.33
		0.54	0.79	22.31	341.34	74.67

表 2-6(续)

试件序号	σ/MPa	τ/MPa	G_1/(MPa/mm)	G_2/(MPa/mm)	η_1/[(MPa·h)/mm]	η_2/[(MPa·h)/mm]
		0.58	0.73	26.36	424.32	64.62
		0.62	0.69	26.25	490.82	43.08
	0.60	0.66	0.67	40.99	221.99	23.33
		0.68	0.64	84.05	185.35	2.5
		0.70	0.63	106.38	357.03	0.00
		0.41	1.22	12.79	97.64	99.86
		0.47	1.00	16.52	343.08	121.71
		0.53	0.91	20.87	344.62	99.8631
	0.80	0.59	0.82	22.53	348.16	79.8969
		0.63	0.76	26.62	432.80	69.14
		0.67	0.72	26.51	500.63	46.09
		0.71	0.69	41.39	226.42	0.00
1#		0.45	1.25	13.82	102.52	100.86
		0.53	1.03	17.84	360.24	122.92
		0.59	0.93	22.54	361.85	100.86
	1.00	0.65	0.84	24.33	365.57	80.69
		0.71	0.78	28.75	454.44	69.83
		0.75	0.74	28.63	525.66	46.55
		0.79	0.71	44.71	237.75	25.21
		0.81	0.68	91.68	198.50	0.00
		0.50	1.35	14.51	105.60	110.94
		0.58	1.11	18.73	371.01	135.22
		0.64	1.00	23.67	372.71	110.94
	1.20	0.70	0.91	25.55	376.54	88.76
		0.76	0.84	30.19	468.08	76.81
		0.80	0.79	30.06	541.43	51.21
		0.84	0.77	46.94	244.88	27.73
		0.88	0.74	96.26	204.46	0.00

表 2-6(续)

试件序号	σ/MPa	τ/MPa	G_1/(MPa/mm)	G_2/(MPa/mm)	η_1/[(MPa·h)/mm]	η_2/[(MPa·h)/mm]
		0.38	1.22	11.99	3.26	3.33
		0.44	0.98	17.60	4.56	4.06
		0.50	0.87	20.83	4.10	3.33
	0.60	0.54	0.79	24.88	7.76	2.67
		0.58	0.73	26.89	9.09	2.31
		0.62	0.70	29.31	10.22	1.54
		0.66	0.68	16.92	15.11	0.00
		0.41	1.26	12.34	3.45	3.49
		0.47	1.01	18.12	4.83	4.26
		0.53	0.90	21.45	4.34	3.49
	0.80	0.59	0.82	25.62	8.22	2.80
		0.63	0.75	27.66	9.63	2.42
		0.67	0.72	30.18	10.83	1.61
		0.71	0.70	17.42	16.01	1.53
		0.75	0.69	16.00	17.18	0.00
$2^{\#}$		0.45	1.31	12.72	3.66	3.67
		0.53	1.05	18.67	5.12	4.47
		0.59	0.94	22.09	4.60	3.67
		0.65	0.85	26.35	8.71	2.94
	1.00	0.71	0.78	28.52	10.21	2.54
		0.75	0.75	31.09	11.48	1.69
		0.79	0.73	17.95	16.97	1.60
		0.81	0.71	16.99	18.21	1.26
		0.83	0.68	16.86	19.15	0.00
		0.50	1.37	13.10	3.88	3.85
		0.58	1.10	19.23	5.43	4.69
		0.64	0.97	22.76	4.88	3.85
		0.70	0.88	27.18	9.24	3.09
	1.20	0.76	0.82	29.38	10.82	2.67
		0.80	0.78	32.02	12.17	1.78
		0.84	0.76	18.48	17.99	1.69
		0.38	1.27	11.42	3.19	3.26

表 2-6(续)

试件序号	σ/MPa	τ/MPa	G_1/(MPa/mm)	G_2/(MPa/mm)	η_1/[(MPa·h)/mm]	η_2/[(MPa·h)/mm]
		0.44	1.02	16.76	4.47	4.56
		0.50	0.90	19.84	4.02	4.10
		0.54	0.82	23.69	7.60	7.76
	0.60	0.58	0.76	25.61	8.91	9.09
		0.62	0.73	27.91	10.02	10.22
		0.66	0.71	16.11	14.81	15.10
		0.68	1.26	11.42	3.19	0.00
		0.41	1.37	11.99	3.28	3.58
		0.47	1.10	17.59	4.60	5.01
		0.53	0.97	20.83	4.14	4.51
	0.80	0.59	0.88	24.87	7.82	8.53
		0.63	0.82	26.89	9.17	9.99
		0.67	0.78	29.30	10.32	11.24
		0.71	0.76	16.91	15.25	16.61
		0.75	1.36	11.99	3.28	0.00
3#		0.79	1.32	10.74	1.60	3.94
		0.45	1.48	12.59	3.38	5.51
		0.53	1.189	18.47	4.74	4.96
	1.00	0.59	1.049	21.87	4.26	9.38
		0.65	0.95	26.11	8.06	10.99
		0.71	0.88	28.23	9.45	12.36
		0.75	0.85	30.77	10.63	18.27
		0.79	0.82	17.76	15.71	0.00
		0.50	1.13	13.22	3.48	4.33
		0.58	1.03	19.40	4.88	6.06
		0.64	0.95	22.96	4.39	5.45
		0.70	0.91	27.42	8.30	10.32
	1.20	0.76	0.89	29.64	9.73	12.09
		0.80	1.58	32.30	10.94	13.60
		0.84	1.53	18.64	16.18	20.09
		0.88	1.13	13.22	3.48	12.81
		0.92	1.03	11.84	1.70	0.00

表 2-7　褐煤非线性剪切蠕变模型参数

试件序号	$\sigma/$ MPa	$\tau/$ MPa	$G_1/$ (MPa/mm)	$G_2/$ (MPa/mm)	$G_3/$ (MPa/mm)	$\eta_1/$ [(MPa·h)/mm]	$\eta_2/$ [(MPa·h)/mm]	n
1#	0.60	0.72	0.75	138.29	0.84	428.43	2.75	3.11
	0.80	0.75	0.82	53.80	0.85	271.70	50.69	2.89
	1.00	0.83	0.81	119.18	0.97	238.20	27.73	4.56
	1.20	0.92	0.88	125.13	1.05	245.35	30.50	3.89
2#	0.60	0.68	0.90	179.78	1.00	514.12	3.025	4.35
	0.80	0.79	0.99	69.94	1.02	326.04	55.76	4.04
	1.00	0.85	0.97	154.93	1.16	285.84	30.50	6.38
	1.20	0.88	1.06	162.67	1.26	294.42	36.90	5.44
3#	0.60	0.70	1.08	233.71	1.20	616.94	3.32	4.78
	0.80	0.81	1.19	90.93	1.22	391.25	61.34	4.45
	1.00	0.81	1.17	201.42	1.39	343.00	33.55	7.02
	1.20	0.94	1.27	211.48	1.52	353.30	40.59	5.99

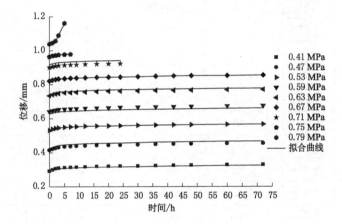

图 2-25　正应力 0.8 MPa 非线性剪切蠕变模型和试验结果对比

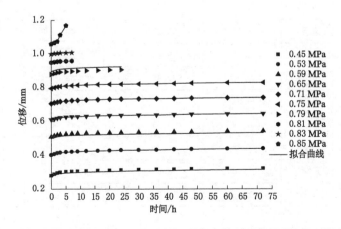

图 2-26　正应力 1.0 MPa 非线性剪切蠕变模型和试验结果对比

2.5　本章小结

本章主要介绍了端帮开采工艺的应用背景,包括工程地质背景、端帮开采技术参数及方法。应用杠杆式重力加载软岩剪切蠕变试验机完成了煤样的直剪及剪切蠕变试验,分析了支撑煤柱强度随时间变化规律,验证了建立蠕变本构模型的正确性。

(1) 在较低的水平应力作用下,蠕变曲线只存在瞬态蠕变阶段和稳定蠕变阶段,煤样不会发生破坏;在较高水平应力作用下,煤样很快进入加速蠕变阶段,最终发生破坏。

(2) 通过直剪试验及剪切蠕变试验,结合工程实际及相关规范,最终确定支撑煤柱的直剪强度指标为:内聚力 $c=0.53$ MPa,内摩擦角 $\varphi=18.8°$;7 天目标时间强度:$c_7=0.50$ MPa,$\varphi_7=18.3°$;14 天目标时间强度 $c_{14}=0.48$ MPa,$\varphi_{14}=17.9°$;20 天目标时间强度 $c_{20}=0.46$ MPa,$\varphi_{20}=17.6°$。

(3) 通过对直剪强度、7 天目标时间强度、10 天目标时间强度及 20 天目标时间强度试验结果进行拟合,得到在一定时期内随着时间的增加,煤柱抗剪力学指标呈指数曲线衰减的规律。

(4) 通过将 NRC 模型与西原模型串联起来,建立了能够表征加速流变特性的非线性黏弹塑性蠕变模型,采用得到的褐煤剪切蠕变试验曲线,对建立的非线性黏弹塑性蠕变模型成功进行了辨识,获得了褐煤黏弹塑性蠕变模型的材料参数,蠕变模型与试验结果的比较显示所建模型的正确性与合理性。

3 边坡载荷下支撑煤柱应力分布规律及稳定性数值模拟分析

端帮开采条件下煤柱支撑应力分布不同于井工均布载荷条带开采,应力分布规律十分复杂。基于传统力学模型假定的煤柱支撑应力峰值位置、支撑应力分布形态,理论计算获得的支撑煤柱荷载及强度并不适用于端帮开采煤柱参数设计。因此采用岩土工程中广泛应用的大型有限差分数值模拟软件FLAC³D模拟在边坡"三角载荷"条件下煤柱支撑应力分布、极限强度及塑性区破坏特征;基于支撑煤柱支撑应力与极限强度相互关系,揭示煤柱失稳破坏机理;结合煤柱支撑应力分布形态及两侧塑性区宽度,设计合理的支撑煤柱参数。

3.1 数值计算模型建立及方案设计

为了研究不同边坡角度、不同采深条件下支撑煤柱稳定性及破坏机理,以霍林河北矿西端帮为工程地质背景,分别建立了西端帮边坡角度为20°、30°、40°和50°四种条件下数值模拟模型,如图3-1所示。根据工程地质实际条件,模型岩性自上而下分别为表土、粗砂岩、粉砂岩、21号煤、基底砂岩。为消除边界效应,根据弹塑性力学理论,在硐室两侧各留设60 m宽煤柱。网格划分的大小对计算结果影响非常大,因此为了减少网格划分产生的误差,对研究区域支撑煤柱网格划分精度较高,在煤柱走向研究范围内,单元格宽度划分为1 m,对每一支撑煤柱断面,在其横向及纵向都设置10个单元格,支撑煤柱区域共划分100个单元格。模型边界条件为:模型的两侧施加水平约束,即水平位移为0;模型底部边界固定不动,相当于底部边界的水平和铅直位移均为0;模型的顶部和坡面为自由边界;加载方式为重力加载。按目前霍林河北矿内排追踪速度,选取煤体20天目标时间强度及岩土体的力学参数如表3-1所示。

表 3-1　煤岩体力学参数

岩层层组	密度/(kg·m⁻³)	体积模量/GPa	剪切模量/GPa	内聚力/MPa	内摩擦角/(°)	抗拉强度/MPa
基底砂岩	2 010	9.02	5.26	2.18	23	3.40
21 号煤	1 270	5.88	2.87	0.46	17.6	2.06
粉砂岩	2 090	8.38	6.02	2.35	25	3.02
粗砂岩	1 990	8.98	6.45	2.12	22	4.90
表土	2 671	4.74	2.19	0.24	20	1.34

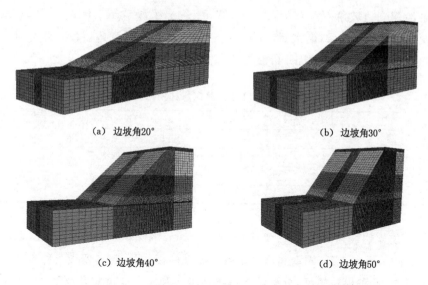

（a）边坡角20°　　　　　　　　　　　　（b）边坡角30°

（c）边坡角40°　　　　　　　　　　　　（d）边坡角50°

图 3-1　数值模拟模型

根据我国自主生产 LDC100 端帮采煤机开采工作参数,回采硐室高 $h=2.5$ m、宽 $a=2$ m,开采深度 $l=100$ m,3 天完成一次回采工作。为研究不同边坡角、采深条件下支撑煤柱失稳破坏机理、支撑应力及塑性区分布规律,模拟方案设计如下:

方案 1:建立边坡角 20°,高 $h=2.5$ m,宽 $a=2$ m,采深 50 m、65 m、80 m 及 100 m,每一采深设置回采硐室 4 条,硐室间留设 3 条支撑煤柱,不同采深各留设 4 种不同尺寸煤柱(见表 3-2),共 16 种模拟模型,分析沿支撑煤柱走向和倾向支撑应力及塑性区分布规律。

表 3-2　边坡角 20°不同采深煤柱模拟留设宽度

采深/m	留设尺寸 1/m	留设尺寸 2/m	留设尺寸 3/m	留设尺寸 4/m
50	3.7	3.9	4.1	4.3
65	3.8	4.0	4.2	4.4
80	3.9	4.1	4.3	4.5
100	4.1	4.3	4.5	4.7

方案 2:建立边坡角 30°,高 $h=2.5$ m、宽 $a=2$ m,采深 50 m、65 m、80 m 及 100 m,每一采深设置回采硐室 4 条,硐室间留设 3 条支撑煤柱,不同采深各留设 4 种不同尺寸煤柱(见表 3-3),共 16 种模拟模型,分析沿支撑煤柱走向和倾向支撑应力及塑性区分布规律。

表 3-3　边坡角 30°不同采深煤柱模拟留设宽度

采深/m	留设尺寸 1/m	留设尺寸 2/m	留设尺寸 3/m	留设尺寸 4/m
50	3.9	4.1	4.3	4.5
65	4.1	4.3	4.5	4.7
80	4.3	4.5	4.7	4.9
100	4.6	4.8	5.0	5.2

方案 3:建立边坡角 40°,高 $h=2.5$ m,宽 $a=2$ m,采深 50 m、65 m、80 m 及 100 m,每一采深设置回采硐室 4 条,硐室间留设 3 条支撑煤柱,不同采深各留设 4 种不同尺寸煤柱(见表 3-4),共 16 种模拟模型,分析沿支撑煤柱走向和倾向支撑应力及塑性区分布规律。

表 3-4 边坡角 40°不同采深煤柱模拟留设宽度

采深/m	留设尺寸 1/m	留设尺寸 2/m	留设尺寸 3/m	留设尺寸 4/m
50	4.1	4.3	4.5	4.7
65	4.4	4.6	4.8	5.0
80	4.7	4.9	5.1	5.3
100	5.1	5.3	5.5	5.7

方案 4:建立边坡角 50°,高 $h=2.5$ m,宽 $a=2$ m,采深 50 m、65 m、80 m 及 100 m,每一采深设置回采硐室 4 条,硐室间留设 3 条支撑煤柱,不同采深各留设 4 种不同尺寸煤柱(见表 3-5),共 16 种模拟模型,分析沿支撑煤柱走向和倾向支撑应力及塑性区分布规律。

表 3-5 边坡角 50°不同采深煤柱模拟留设宽度

采深/m	留设尺寸 1/m	留设尺寸 2/m	留设尺寸 3/m	留设尺寸 4/m
50	4.3	4.5	4.7	4.9
65	4.7	4.9	5.1	5.3
80	5.1	5.3	5.5	5.7
100	5.6	5.8	6.0	6.2

3.2 数值模拟计算结果分析

3.2.1 煤柱支撑应力分布规律分析

通过提高煤柱抗剪力学指标,获得支撑煤柱未破坏时真实支撑应力分布规律。分析沿煤柱走向及倾向支撑应力分布形态,获得"三角载荷"条件下支撑煤柱支撑应力峰值位置分布规律及该位置承担的载荷随不同边坡角度、采深及煤柱宽度的变化规律。

图 3-2~图 3-5 为边坡角 20°~50°不同采深及煤柱宽度沿煤柱走向支撑应力分布规律。分析可知,在相同边坡角度及采深条件下支撑应力峰值位置与煤柱宽度大小无关。在边坡角为 20°,采深为 50 m、65 m、80 m 及 100 m 时,支撑应力峰值分别出现在煤柱 47 m、62 m、78 m 及 97 m 工程位置处;在边坡角为 30°,采深为 50 m、65 m、80 m 及 100 m 时,支撑应力峰值分别出现在煤柱 46 m、61 m、76 m 及 95 m 工程位置处;在边坡角为 40°,采深为 50 m、65 m、80 m 及 100 m 时,支撑应力峰值分别出现在煤柱 45 m、60 m、74 m 及 93 m 工程位置处;在边坡角为 50°,采深为 50 m、65 m、80 m 及 100 m 时,支撑应力峰值分别出现在煤柱 44 m、59 m、72 m 及 91 m 工程位置处,如表 3-6 所示。

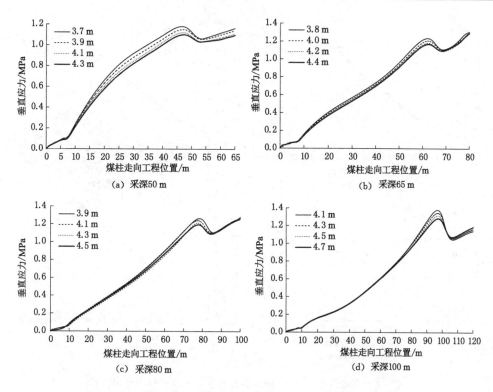

图 3-2 边坡角 20°不同采深及煤柱宽度走向支撑应力分布规律

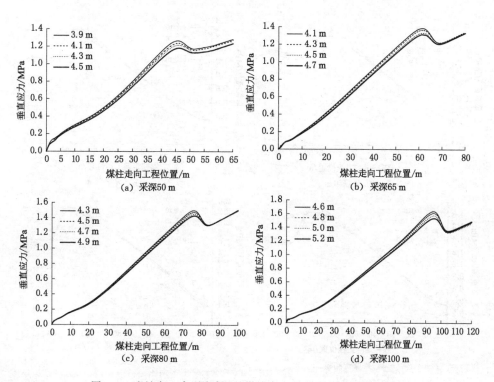

图 3-3 边坡角 30°不同采深及煤柱宽度走向支撑应力分布规律

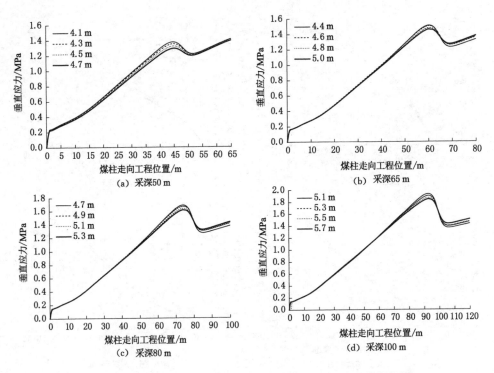

图 3-4　边坡角 40°不同采深及煤柱宽度走向支撑应力分布规律

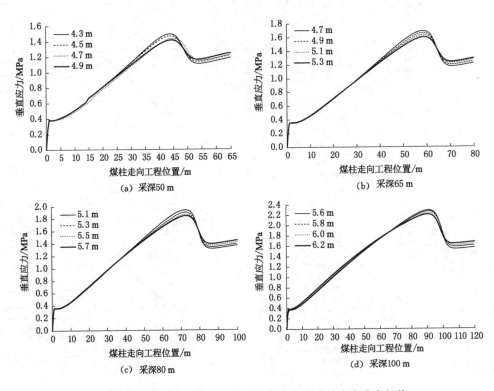

图 3-5　边坡角 50°不同采深及煤柱宽度走向支撑应力分布规律

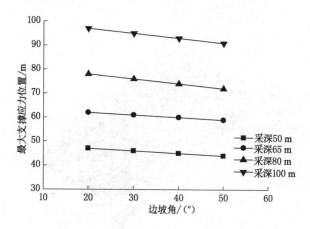

图 3-6　不同边坡角度、采深支撑应力峰值位置

表 3-6　不同边坡角度及采深支撑应力峰值位置

边坡角/(°)	应力峰值位置/m			
	煤深 50 m	煤深 65 m	煤深 80 m	煤深 100 m
20	47	62	78	97
30	46	61	76	95
40	45	60	74	93
50	44	59	72	91

　　进一步分析表明,端帮开采存在"端部效应",支撑应力峰值均出现在煤柱最大采深前方某一工程位置处,而不是出现在自重应力更大的最大采深工程位置。这是由于端部实体刚度大于支撑煤柱刚度,分担了支撑煤柱上覆岩层载荷。并且,支撑应力峰值位置与煤柱宽度大小无关,与煤柱最大采深及边坡角度(埋深)密切相关。显然整个支撑煤柱的最危险处为煤柱所受支撑应力最大工程位置,若煤柱该位置为稳定状态,则煤柱的其他位置也均处于稳定状态,反之,若该位置发生失稳破坏,可能产生连锁反应而导致整条煤柱失稳。应用 MATLAB 软件对支撑应力峰值出现位置进行拟合,得到了与边坡角及采深相关的支撑应力峰值位置 P_d 分布规律,拟合关系如图 3-7 所示,拟合方程如式(3-1)。

$$P_d = 2.54 - 0.15\theta + 0.968\,9L \tag{3-1}$$

式中　P_d——支撑应力峰值工程位置,m;

　　　　θ——边坡角,(°);

　　　　L——采深,m。

　　基于不同边坡角度、采深支撑应力峰值工程位置分布规律,研究该位置煤柱倾向支撑应力分布及承担的载荷变化规律。图 3-8～图 3-23 为边坡角 20°～50°,不同采深及宽度煤柱最危险工程位置沿倾向支撑应力分布规律。分析可知,煤柱支撑应力沿中心位置

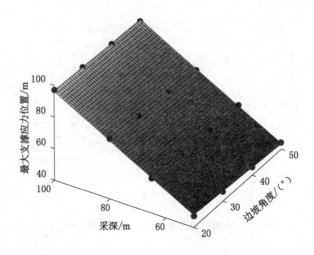

图 3-7　不同边坡角度、采深支撑应力峰值位置拟合

对称分布,因煤柱未发生破坏,在煤柱两侧应力集中系数较大,中间应力较小,应力分布形态近似于"碗形"。边坡角为 20°、30°、40° 及 50° 各采深不同宽度煤柱最大及最小支撑应力记录于表 3-7~表 3-10。

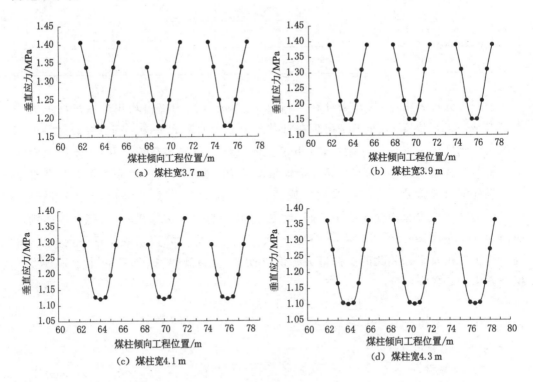

（a）煤柱宽3.7 m　　　　　（b）煤柱宽3.9 m

（c）煤柱宽4.1 m　　　　　（d）煤柱宽4.3 m

图 3-8　边坡角 20° 采深 50 m 不同宽度煤柱倾向支撑应力分布规律

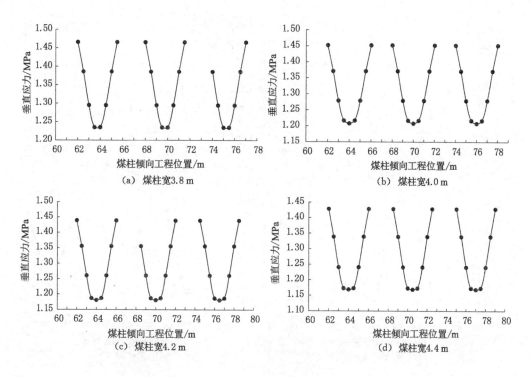

图 3-9 边坡角 20°采深 65 m 不同宽度煤柱倾向支撑应力分布规律

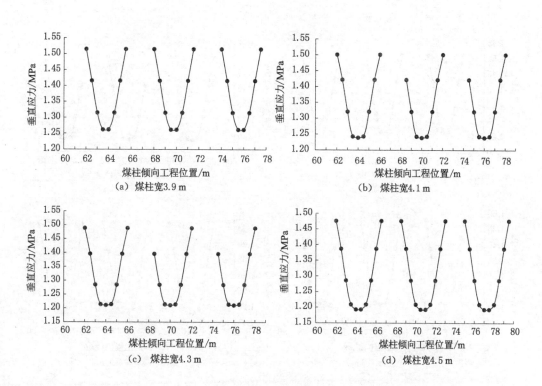

图 3-10 边坡角 20°采深 80 m 不同宽度煤柱倾向支撑应力分布规律

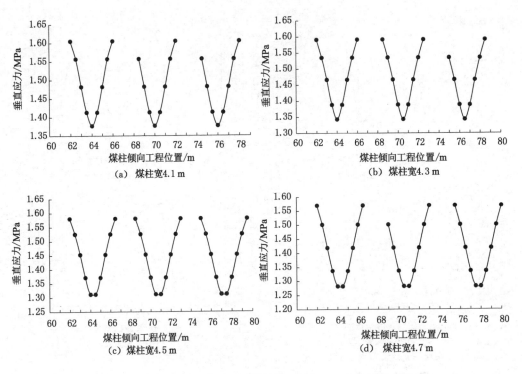

图 3-11　边坡角 20°采深 100 m 不同宽度煤柱倾向支撑应力分布规律

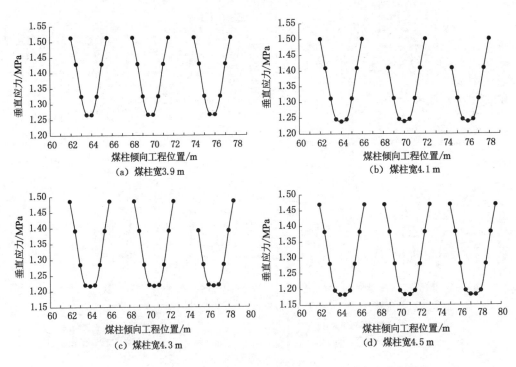

图 3-12　边坡角 30°采深 50 m 不同宽度煤柱倾向支撑应力分布规律

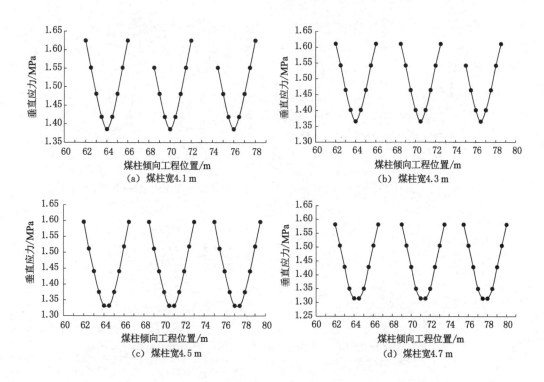

图 3-13 边坡角 30°采深 65 m 不同宽度煤柱倾向支撑应力分布规律

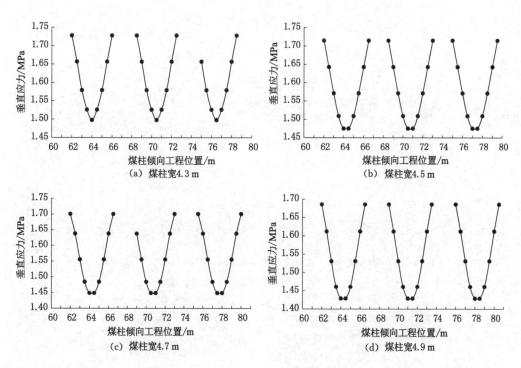

图 3-14 边坡角 30°采深 80 m 不同宽度煤柱倾向支撑应力分布规律

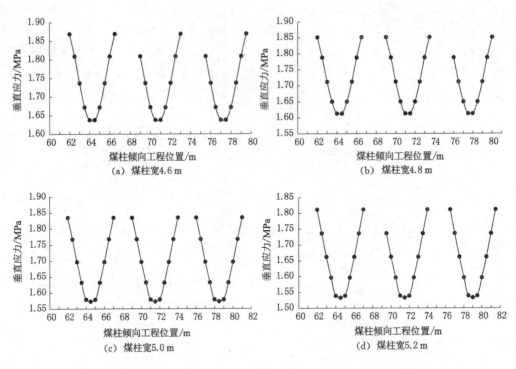

图 3-15　边坡角 30°采深 100 m 不同宽度煤柱倾向支撑应力分布规律

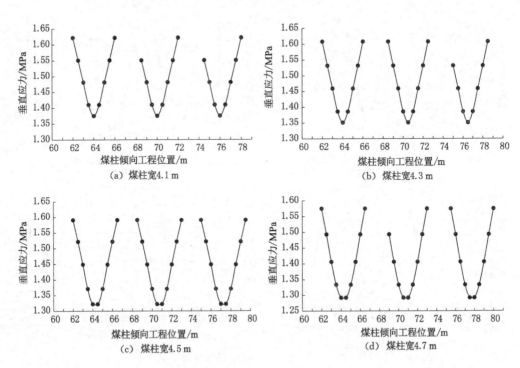

图 3-16　边坡角 40°采深 50 m 不同宽度煤柱倾向支撑应力分布规律

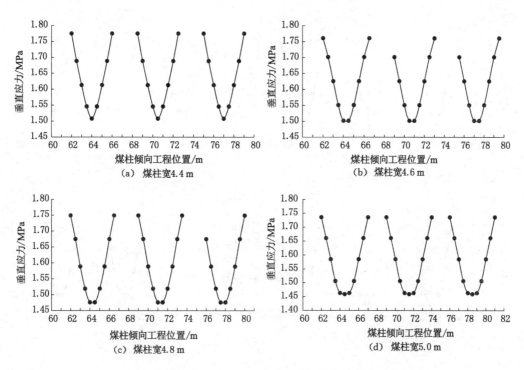

图 3-17　边坡角 40°采深 65 m 不同宽度煤柱倾向支撑应力分布规律

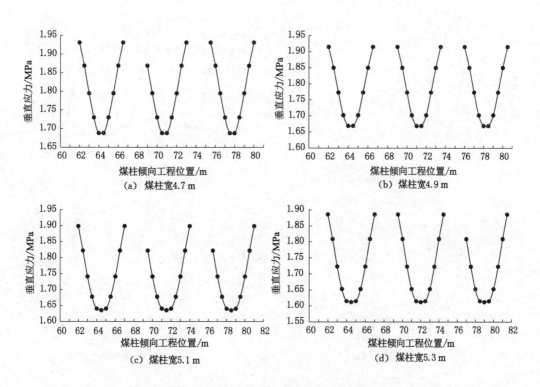

图 3-18　边坡角 40°采深 80 m 不同宽度煤柱倾向支撑应力分布规律

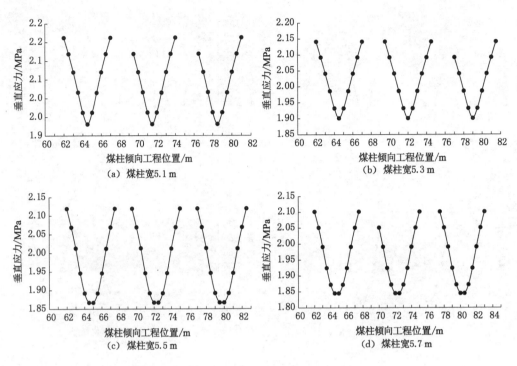

图 3-19　边坡角 40°采深 100 m 不同宽度煤柱倾向支撑应力分布规律

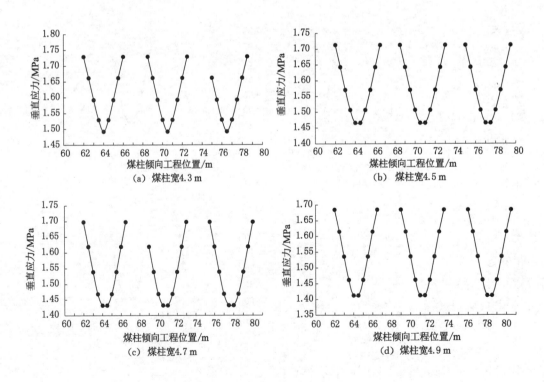

图 3-20　边坡角 50°采深 50 m 不同宽度煤柱倾向支撑应力分布规律

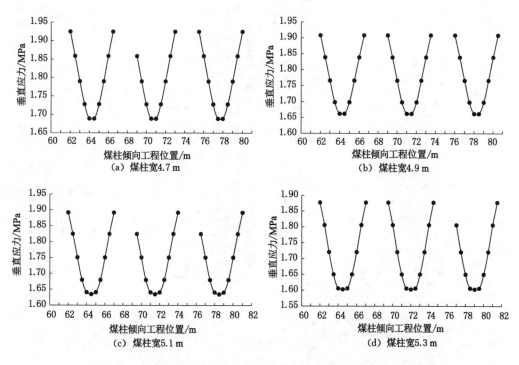

图 3-21　边坡角 50°采深 65 m 不同宽度煤柱倾向支撑应力分布规律

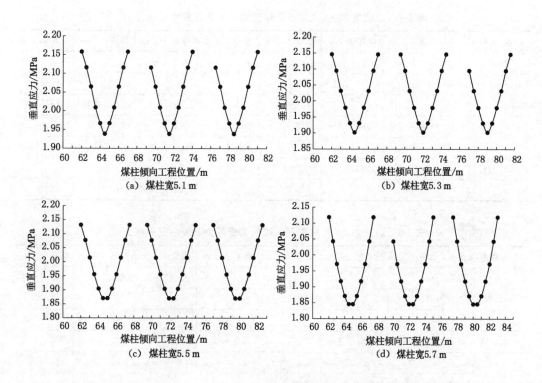

图 3-22　边坡角 50°采深 80 m 不同宽度煤柱倾向支撑应力分布规律

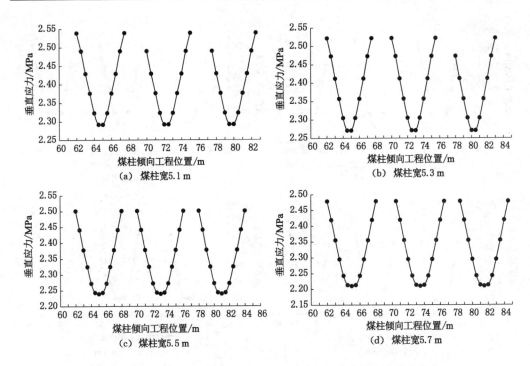

图 3-23 边坡角 50°采深 100 m 不同宽度煤柱倾向支撑应力分布规律

表 3-7 边坡角 20°各采深不同煤柱宽度最大及最小支撑应力　　　　　MPa

采深	煤宽 3.7 m		煤宽 3.9 m		煤宽 4.1 m		煤宽 4.3 m		煤宽 3.8 m		煤宽 4.0 m		煤宽 4.2 m		煤宽 4.4 m	
	σ_{min}	σ_{max}	σ_{min}	σ_{max}	σ_{min}	σ_{max}	σ_{min}	σ_{max}	σ_{min}	σ_{max}	σ_{min}	σ_{max}	σ_{min}	σ_{max}	σ_{min}	σ_{max}
50 m	1.179	1.406	1.151	1.389	1.121	1.376	1.101	1.363								
65 m									1.235	1.466	1.208	1.452	1.181	1.439	1.169	1.428
	煤宽 3.9 m		煤宽 4.1 m		煤宽 4.3 m		煤宽 4.5 m		煤宽 4.1 m		煤宽 4.3 m		煤宽 4.5 m		煤宽 4.7 m	
	σ_{min}	σ_{max}	σ_{min}	σ_{max}	σ_{min}	σ_{max}	σ_{min}	σ_{max}	σ_{min}	σ_{max}	σ_{min}	σ_{max}	σ_{min}	σ_{max}	σ_{min}	σ_{max}
80 m	1.262	1.515	1.239	1.501	1.211	1.489	1.193	1.476								
100m									1.377	1.605	1.343	1.591	1.312	1.580	1.282	1.569

表 3-8 边坡角 30°各采深不同煤柱宽度最大及最小支撑应力　　　　　MPa

采深	煤宽 3.9 m		煤宽 4.1 m		煤宽 4.3 m		煤宽 4.5 m		煤宽 4.1 m		煤宽 4.3 m		煤宽 4.5 m		煤宽 4.7 m	
	σ_{min}	σ_{max}	σ_{min}	σ_{max}	σ_{min}	σ_{max}	σ_{min}	σ_{max}	σ_{min}	σ_{max}	σ_{min}	σ_{max}	σ_{min}	σ_{max}	σ_{min}	σ_{max}
50 m	1.266	1.513	1.239	1.501	1.217	1.486	1.183	1.469								
65 m									1.386	1.625	1.366	1.611	1.332	1.596	1.315	1.582
	煤宽 4.3 m		煤宽 4.5 m		煤宽 4.7 m		煤宽 4.9 m		煤宽 4.6 m		煤宽 4.8 m		煤宽 5.0 m		煤宽 5.2 m	
	σ_{min}	σ_{max}	σ_{min}	σ_{max}	σ_{min}	σ_{max}	σ_{min}	σ_{max}	σ_{min}	σ_{max}	σ_{min}	σ_{max}	σ_{min}	σ_{max}	σ_{min}	σ_{max}
80 m	1.498	1.728	1.475	1.715	1.449	1.701	1.429	1.686								
100m									1.638	1.869	1.613	1.851	1.573	1.835	1.533	1.811

表 3-9　边坡角 40°各采深不同煤柱宽度最大及最小支撑应力　　　　MPa

采深	煤宽 4.1 m		煤宽 4.3 m		煤宽 4.5 m		煤宽 4.7 m		煤宽 4.4 m		煤宽 4.6 m		煤宽 4.8 m		煤宽 5.0 m	
	σ_{min}	σ_{max}	σ_{min}	σ_{max}	σ_{min}	σ_{max}	σ_{min}	σ_{max}	σ_{min}	σ_{max}	σ_{min}	σ_{max}	σ_{min}	σ_{max}	σ_{min}	σ_{max}
50 m	1.375	1.622	1.351	1.608	1.322	1.591	1.292	1.575								
65 m									1.508	1.775	1.502	1.761	1.476	1.749	1.459	1.736

采深	煤宽 4.7 m		煤宽 4.9 m		煤宽 5.1 m		煤宽 5.3 m		煤宽 5.1 m		煤宽 5.3 m		煤宽 5.5 m		煤宽 5.7 m	
	σ_{min}	σ_{max}	σ_{min}	σ_{max}	σ_{min}	σ_{max}	σ_{min}	σ_{max}	σ_{min}	σ_{max}	σ_{min}	σ_{max}	σ_{min}	σ_{max}	σ_{min}	σ_{max}
80 m	1.688	1.931	1.669	1.915	1.635	1.899	1.612	1.866								
100 m									1.931	2.162	1.901	2.141	1.867	2.119	1.845	2.101

表 3-10　边坡角 50°各采深不同煤柱宽度最大及最小支撑应力　　　　MPa

采深	煤宽 4.3 m		煤宽 4.5 m		煤宽 4.7 m		煤宽 4.9 m		煤宽 4.7 m		煤宽 4.9 m		煤宽 5.1 m		煤宽 5.3 m	
	σ_{min}	σ_{max}	σ_{min}	σ_{max}	σ_{min}	σ_{max}	σ_{min}	σ_{max}	σ_{min}	σ_{max}	σ_{min}	σ_{max}	σ_{min}	σ_{max}	σ_{min}	σ_{max}
50 m	1.492	1.729	1.466	1.713	1.432	1.698	1.413	1.685								
65 m									1.689	1.925	1.662	1.908	1.635	1.892	1.603	1.877

采深	煤宽 5.1 m		煤宽 5.3 m		煤宽 5.5 m		煤宽 5.7 m		煤宽 5.6 m		煤宽 5.8 m		煤宽 6.0 m		煤宽 6.2 m	
	σ_{min}	σ_{max}	σ_{min}	σ_{max}	σ_{min}	σ_{max}	σ_{min}	σ_{max}	σ_{min}	σ_{max}	σ_{min}	σ_{max}	σ_{min}	σ_{max}	σ_{min}	σ_{max}
80 m	1.939	2.158	1.902	2.146	1.871	2.132	1.846	2.119								
100 m									2.292	2.539	2.271	2.522	2.239	2.501	2.210	2.479

3.2.2　煤柱失稳演化机理及极限强度分析

根据研究获得的支撑应力峰值工程位置分布规律,即煤柱最易发生失稳工程位置,因此有必要对边坡角 20°~50°各采深不同宽度煤柱最危险工程位置的倾向应力演化规律进行分析。根据煤柱支撑应力分布形态判定煤柱稳定性,基于煤柱应力和极限强度关系及塑性区破坏特征,揭示煤柱失稳破坏机理,获得不同宽度煤柱极限强度。

边坡角为 20°、30°、40°及 50°各采深不同宽度煤柱倾向支撑应力演化规律如图 3-24~图 3-39 所示。在支撑煤柱宽度由最大逐渐减至最小过程中,应力分布形态从马鞍形分布变为近似平台形,最终演变为拱形,煤柱也由稳定状态发展为刚好发生破坏,到最终完全破坏。上述过程是由于随着煤柱宽度减小,煤柱极限强度逐渐减小,煤柱支撑应力逐渐由小于煤柱极限强度演化为等于煤柱强度,煤柱处于稳定状态,最终超过煤柱极限强度,煤柱发生破坏。根据极限平衡理论,获得了不同宽度支撑煤柱的极限强度。

分析可知,不同采深条件下,相同煤柱宽度的极限强度基本一致,表明支撑煤柱的极限强度与采深无关,与煤柱的宽度成正相关。在同一采深及埋深条件下,随着煤柱宽度的减小,极限强度降低,应力逐渐由小于等于煤柱强度到大于煤柱强度,煤柱也由稳定状态转化为失稳状态。不同煤柱宽度极限强度如图 3-40 所示,随煤柱宽度的增加极限强度逐渐增大。

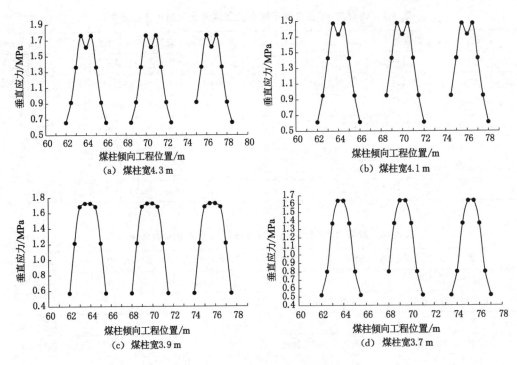

图 3-24　边坡角 20°采深 50 m 不同宽度煤柱倾向支撑应力演化规律

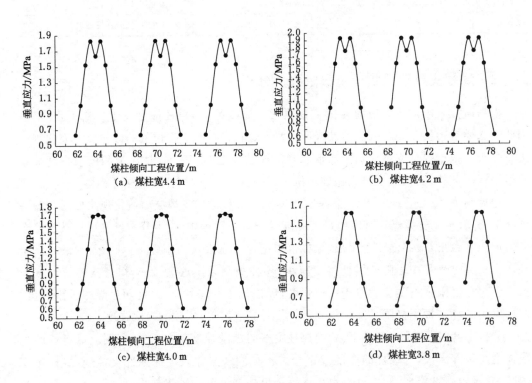

图 3-25　边坡角 20°采深 65 m 不同宽度煤柱倾向支撑应力演化规律

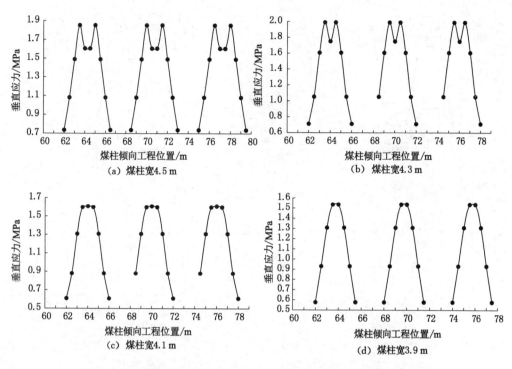

图 3-26　边坡角 20°采深 80 m 不同宽度煤柱倾向支撑应力演化规律

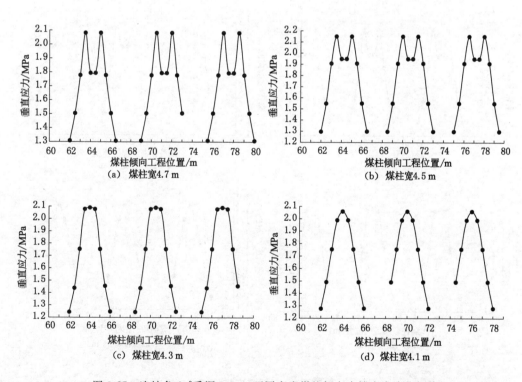

图 3-27　边坡角 20°采深 100 m 不同宽度煤柱倾向支撑应力演化规律

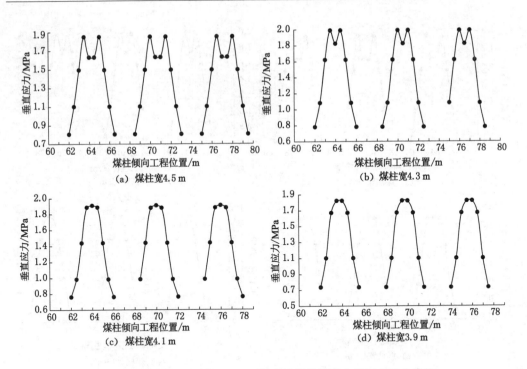

图 3-28　边坡角 30°采深 50 m 不同宽度煤柱倾向支撑应力演化规律

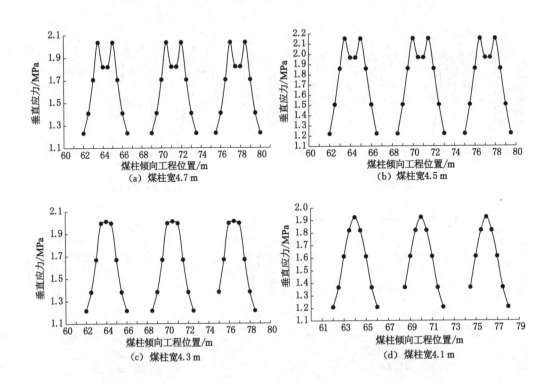

图 3-29　边坡角 30°采深 65 m 不同宽度煤柱倾向支撑应力演化规律

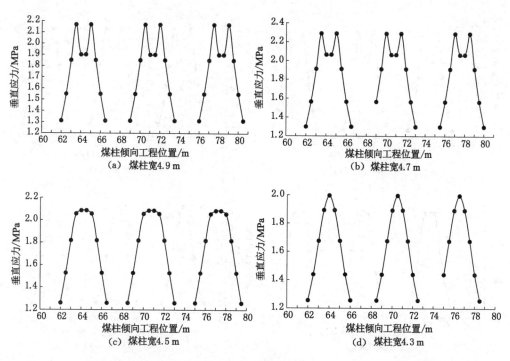

图 3-30　边坡角 30°采深 80 m 不同宽度煤柱倾向支撑应力演化规律

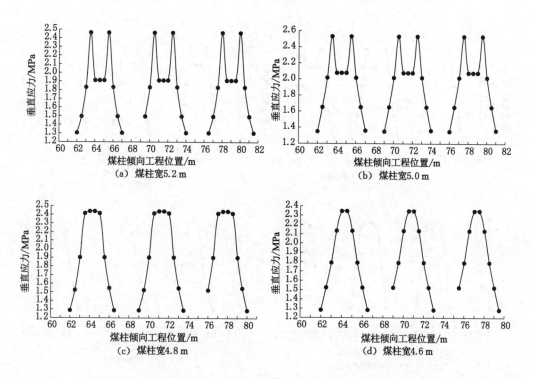

图 3-31　边坡角 30°采深 100 m 不同宽度煤柱倾向支撑应力演化规律

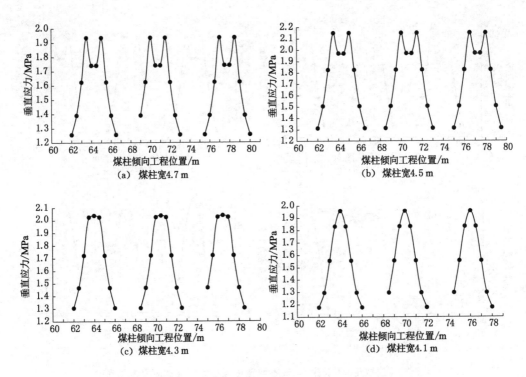

图 3-32　边坡角 40°采深 50 m 不同宽度煤柱倾向支撑应力演化规律

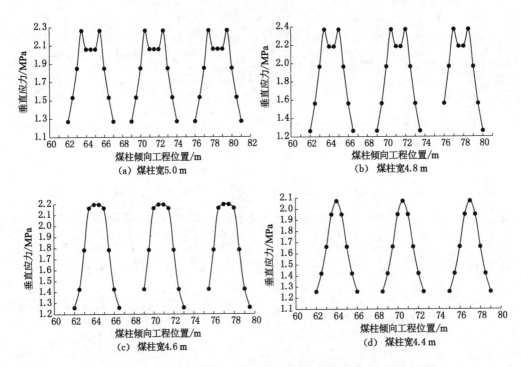

图 3-33　边坡角 40°采深 65 m 不同宽度煤柱倾向支撑应力演化规律

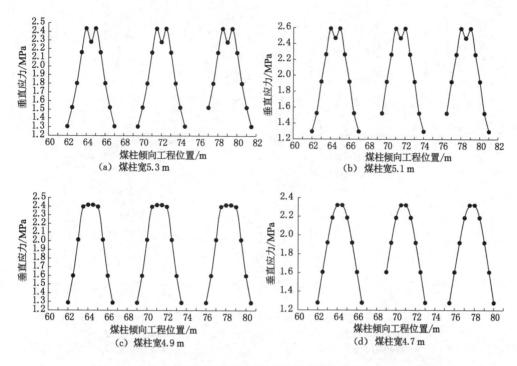

图 3-34　边坡角 40°采深 80 m 不同宽度煤柱倾向支撑应力演化规律

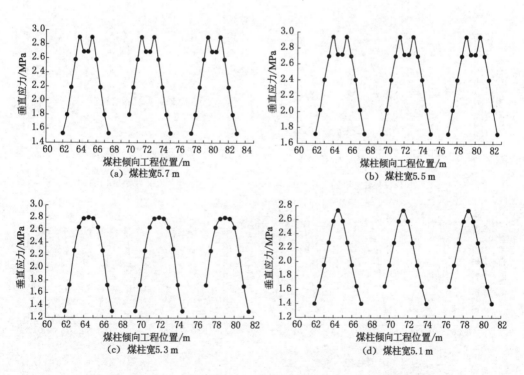

图 3-35　边坡角 40°采深 100 m 不同宽度煤柱倾向支撑应力演化规律

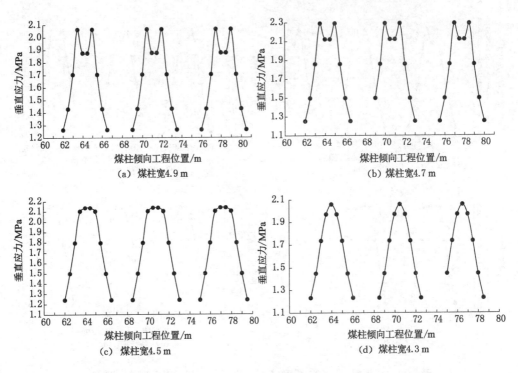

图 3-36　边坡角 50°采深 50 m 不同宽度煤柱倾向支撑应力演化规律

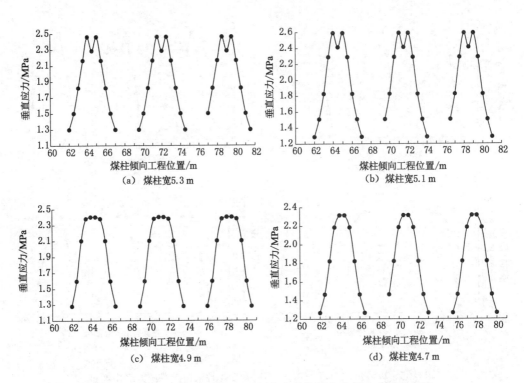

图 3-37　边坡角 50°采深 65 m 不同宽度煤柱倾向支撑应力演化规律

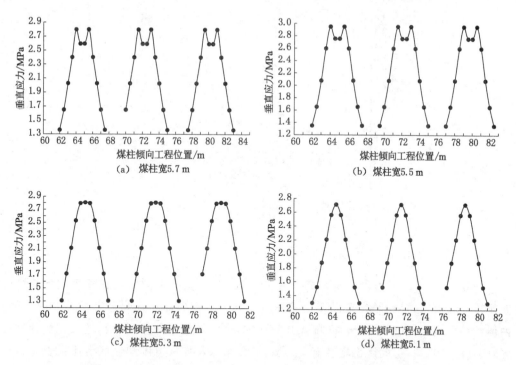

图 3-38 边坡角 50°采深 80 m 不同宽度煤柱倾向支撑应力演化规律

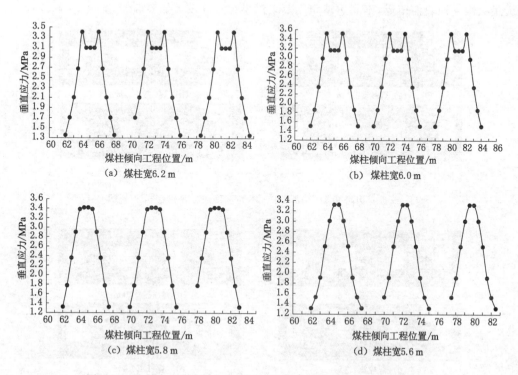

图 3-39 边坡角 50°采深 100 m 不同宽度煤柱倾向支撑应力演化规律

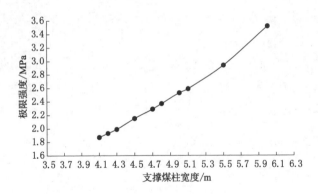

图 3-40　不同宽度支撑煤柱极限强度

3.2.3　煤柱塑性区分布规律研究

图 3-41～图 3-56 为边坡角为 20°、30°、40°及 50°各采深不同宽度支撑煤柱塑性区分布规律。由模拟结果可知,支撑煤柱破坏方式均为剪切破坏。在煤柱宽度较小时,煤柱两侧塑性区贯通,发生失稳破坏;随煤柱宽度的增大,煤柱中间位置存在较大比例弹性核区,塑性区未贯通,仍处于稳定状态,不同边坡角采深及煤柱宽度塑性区占比见表 3-11～表 3-14。煤柱稳定性研究结果与基于应力分布形态判定煤柱稳定状态的结果相一致。为最大限度回收滞留煤,不同边坡角度及采深煤柱宽度设计如表 3-15 所示。

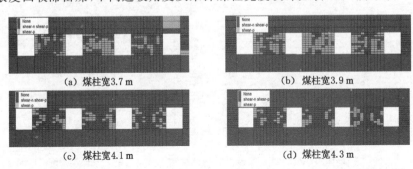

图 3-41　边坡角 20°采深 50 m 不同宽度煤柱塑性区分布规律

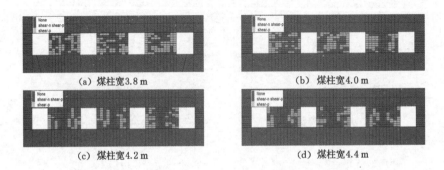

图 3-42　边坡角 20°采深 65 m 不同宽度煤柱塑性区分布规律

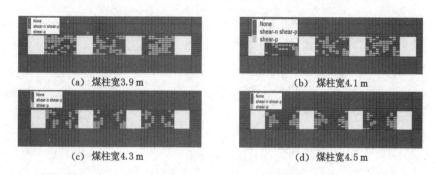

图 3-43　边坡角 20°采深 80 m 不同宽度煤柱塑性区分布规律

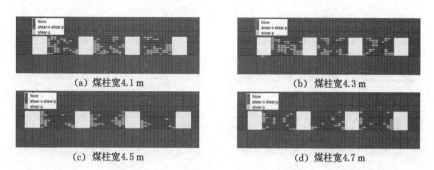

图 3-44　边坡角 20°采深 100 m 不同宽度煤柱塑性区分布规律

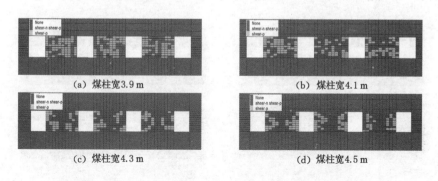

图 3-45　边坡角 30°采深 50 m 不同宽度煤柱塑性区分布规律

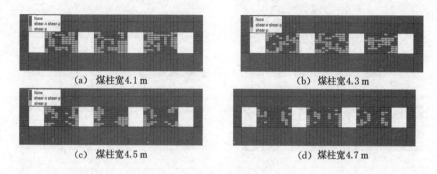

图 3-46　边坡角 30°采深 65 m 不同宽度煤柱塑性区分布规律

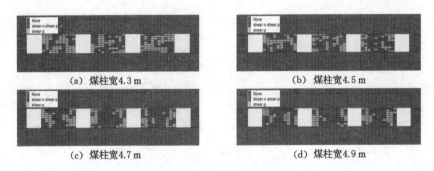

(a) 煤柱宽4.3 m   (b) 煤柱宽4.5 m

(c) 煤柱宽4.7 m   (d) 煤柱宽4.9 m

图 3-47　边坡角 30°采深 80 m 不同宽度煤柱塑性区分布规律

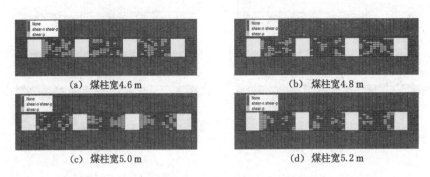

(a) 煤柱宽4.6 m   (b) 煤柱宽4.8 m

(c) 煤柱宽5.0 m   (d) 煤柱宽5.2 m

图 3-48　边坡角 30°采深 100 m 不同宽度煤柱塑性区分布规律

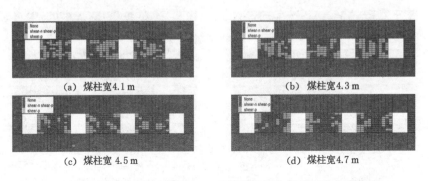

(a) 煤柱宽4.1 m   (b) 煤柱宽4.3 m

(c) 煤柱宽 4.5 m   (d) 煤柱宽 4.7 m

图 3-49　边坡角 40°采深 50 m 不同宽度煤柱塑性区分布规律

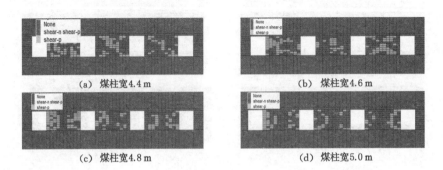

(a) 煤柱宽4.4 m   (b) 煤柱宽4.6 m

(c) 煤柱宽4.8 m   (d) 煤柱宽5.0 m

图 3-50　边坡角 40°采深 65 m 不同宽度煤柱塑性区分布规律

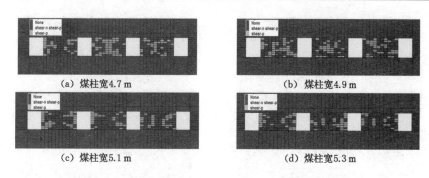

(a) 煤柱宽4.7 m   (b) 煤柱宽4.9 m

(c) 煤柱宽5.1 m   (d) 煤柱宽5.3 m

图 3-51　边坡角 40°采深 80 m 不同宽度煤柱塑性区分布规律

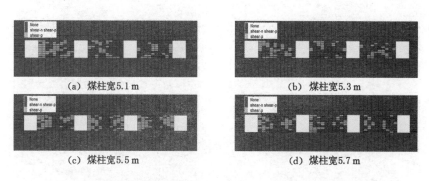

(a) 煤柱宽5.1 m   (b) 煤柱宽5.3 m

(c) 煤柱宽5.5 m   (d) 煤柱宽5.7 m

图 3-52　边坡角 40°采深 100 m 不同宽度煤柱塑性区分布规律

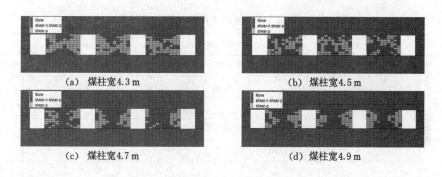

(a) 煤柱宽4.3 m   (b) 煤柱宽4.5 m

(c) 煤柱宽4.7 m   (d) 煤柱宽4.9 m

图 3-53　边坡角 50°采深 50 m 不同宽度煤柱塑性区分布规律

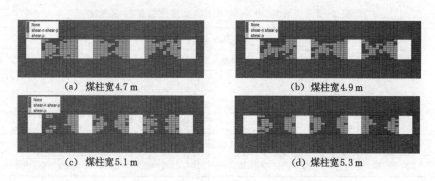

(a) 煤柱宽4.7 m   (b) 煤柱宽4.9 m

(c) 煤柱宽5.1 m   (d) 煤柱宽5.3 m

图 3-54　边坡角 50°采深 65 m 不同宽度煤柱塑性区分布规律

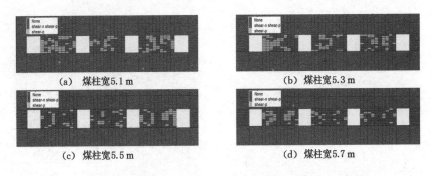

(a) 煤柱宽5.1 m 　　　　　(b) 煤柱宽5.3 m

(c) 煤柱宽5.5 m 　　　　　(d) 煤柱宽5.7 m

图 3-55　边坡角 50°采深 80 m 不同宽度煤柱塑性区分布规律

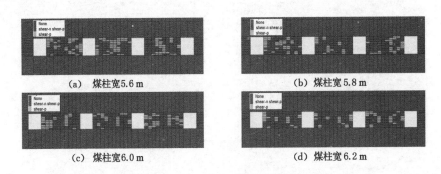

(a) 煤柱宽5.6 m 　　　　　(b) 煤柱宽5.8 m

(c) 煤柱宽6.0 m 　　　　　(d) 煤柱宽6.2 m

图 3-56　边坡角 50°采深 100 m 不同宽度煤柱塑性区分布规律

表 3-11　边坡角 20°各采深不同宽度煤柱塑性区占比

采深/m	煤柱塑性区占比/m							
	煤宽 3.7 m	煤宽 3.9 m	煤宽 4.1 m	煤宽 4.3 m	煤宽 3.8 m	煤宽 4.0 m	煤宽 4.2 m	煤宽 4.4 m
50	0.96	0.91	0.70	0.60				
65					0.96	0.92	0.74	0.62
	3.9	4.1	4.3	4.5	4.1	4.3	4.5	4.7
80	0.96	0.90	0.70	0.60				
100					0.96	0.89	0.66	0.58

表 3-12　边坡角 30°各采深不同宽度煤柱塑性区占比

采深/m	煤柱塑性区占比/m							
	煤宽 3.9 m	煤宽 4.1 m	煤宽 4.3 m	煤宽 4.5 m	煤宽 4.1 m	煤宽 4.3 m	煤宽 4.5 m	煤宽 4.7 m
50	0.96	0.90	0.72	0.62				
65					0.96	0.92	0.74	0.57
	4.3	4.5	4.7	4.9	4.6	4.8	5.0	5.2
80	0.96	0.91	0.70	0.58				
100					0.95	0.90	0.70	0.62

表 3-13　边坡角 40°各采深不同宽度煤柱塑性区占比

采深/m	煤柱塑性区占比/m							
	煤宽 4.1 m	煤宽 4.3 m	煤宽 4.5 m	煤宽 4.7 m	煤宽 4.4 m	煤宽 4.6 m	煤宽 4.8 m	煤宽 5.0 m
50	0.95	0.92	0.68	0.60				
65					0.95	0.91	0.74	0.63
	煤宽 4.7 m	煤宽 4.9 m	煤宽 5.1 m	煤宽 5.3 m	煤宽 5.1 m	煤宽 5.3 m	煤宽 5.5 m	煤宽 5.7 m
80	0.94	0.91	0.67	0.58				
100					0.94	0.92	0.75	0.65

表 3-14　边坡角 50°各采深不同宽度煤柱塑性区占比

采深/m	煤柱塑性区占比							
	煤宽 4.3 m	煤宽 4.5 m	煤宽 4.7 m	煤宽 4.9 m	煤宽 4.7 m	煤宽 4.9 m	煤宽 5.1 m	煤宽 5.3 m
50	0.94	0.90	0.66	0.58				
65					0.94	0.90	0.73	0.63
	煤宽 5.1 m	煤宽 5.3 m	煤宽 5.5 m	煤宽 5.7 m	煤宽 5.6 m	煤宽 5.8 m	煤宽 6.0 m	煤宽 6.2 m
80	0.95	0.91	0.70	0.62				
100					0.96	0.90	0.75	0.62

表 3-15　不同边坡角度及采深煤柱留设宽度

边坡角/(°)	煤柱塑性区占比/m			
	采深 20 m	采深 30 m	采深 40 m	采深 50 m
50	4.1	4.3	4.5	4.7
65	4.2	4.5	4.8	5.1
80	4.3	4.7	5.1	5.5
100	4.5	5	5.5	6

3.3　本章小结

端帮开采条件下煤柱支撑应力分布及失稳破坏机理十分复杂,本章通过数值模拟分析支撑应力峰值位置分布规律、支撑应力分布形态及塑性区分布特征,揭示了支撑煤柱失稳机理。结合支撑应力分布形态及塑性区分布规律,设计了合理支撑煤柱宽度。

(1)端帮开采存在"端部效应",端部三维实体刚度大于支撑煤柱刚度,煤柱支撑应力峰值出现在最大采深工程位置前方,边坡角越大,其位置愈靠前。

(2)煤柱倾向支撑应力分布形态近似于"碗形",基于支撑应力与极限强度的关系及塑性区破坏特征,揭示了端帮开采支撑煤柱失稳机理,当煤柱支撑应力大于其极限强度时,将发生剪切失稳破坏。

(3)基于支撑应力分布形态及塑性区分布规律判定煤柱稳定性,结合资源回采率因素,设计了不同边坡角度及采深条件下合理支撑煤柱宽度。

4 支撑煤柱失稳演化规律相似模拟试验研究

端帮采煤机回采过程中,煤柱的支撑应力分布、演化及失稳破坏机制错综复杂。根据数值模拟获得的端帮开采边坡载荷作用下煤柱支撑应力峰值位置分布规律及其极限强度,结合摩尔库伦极限强度表达式,得到煤柱二维均布载荷条件下等效埋深,从而将三维端帮开采支撑煤柱稳定性研究转化为二维问题。本章以霍林河北矿西端帮为工程地质背景,遵循目前内排追踪速度,采用相似材料模拟试验方法,研究不同宽度支撑煤柱随载荷逐级增加过程中煤柱内各测点应力变化规律、形态分布变化规律及煤柱宏观破坏特征,揭示煤柱失稳演化规律,进一步验证极限采深条件下合理的支撑煤柱宽度。

4.1 相似基本原理

相似材料模拟是人们认识矿山煤岩体变形和失稳破坏规律的重要手段之一。相似材料模拟,即相似模型应尽可能与现场一致,在对复杂工程现场进行等效简化后,对煤岩体的开采工作和失稳规律进行研究。相似性定理规定相似模拟试验需遵守的规则有以下几个方面。

(1) 几何相似

要求相似模型与原型之间的几何形状相似。令 L_H 和 L_M 分别代表原型长度和模型长度,α_L 代表 L_H 和 L_M 比值,称为长度比例尺,α_L 是常值。

$$\alpha_L = L_H / L_M = 常数 \tag{4-1}$$

长度的平方是面积,则面积比例尺为:

$$V_H / V_M = \alpha_L^2 \tag{4-2}$$

(2) 运动相似

在模型和原型中,所有相应点的运动都是相似的,也就是说,每个相应点的速度、加速度和运动时间可以用一定比例表示。令 t_H 和 t_M 分别表示原型中和模型中运动时间,α_t 代表 t_H 和 t_M 比值,称为时间比例尺。

$$\alpha_t = t_H / t_M = \sqrt{\alpha_L} = 常数 \tag{4-3}$$

可以看出,时间比例尺与几何比例尺之间存在平方根关系。

(3) 动力相似

规定模型与原型所有作用力均相似。设 p_H、γ_H、V_H 与 p_M、γ_M、V_M 分别表示原型与模

型的重力,视密度和体积,由于:

$$P_H = \gamma_H \cdot V_H \tag{4-4}$$

$$P_M = \gamma_M \cdot V_M \tag{4-5}$$

$$\frac{P_H}{P_M} = \frac{\gamma_H}{\gamma_M} \cdot \alpha_L^3 \tag{4-6}$$

因此,在几何相似的条件下,还要满足 γ_H、γ_M 的比例尺 α_r 为常数,即 α_r 为视密度比例尺。

$$\alpha_r = r_H / r_M = 常数 \tag{4-7}$$

由上述三个比例尺,α_L,α_t,α_r,根据各比例尺对应量组成的关系式,还可推导出位移、应变、应力等其他比例尺。

$$\alpha_\sigma = \frac{\sigma_H}{\sigma_M} = \frac{C_H}{C_M} = \frac{E_H}{E_M} = \frac{\gamma_H}{\gamma_M} \cdot \alpha_L$$

$$\varphi_H = \varphi_M$$

$$\mu_H = \mu_M \tag{4-8}$$

（4）初始状态相似

初始状态是指实验原型的自然状态,要求与矿上煤岩体初始结构状态相似。

（5）初始条件相似

实验模型的边界条件应与原型尽量保持一致。

根据以上五个相似性规则,可以将原型中的煤和岩体的物理和力学指标转换为模型中的指标,但是要完全模拟原型中的所有物理和力学指标极其困难,应该选择对原型和模型有重大影响的指标进行模拟。

4.2　相似模拟试验方案

4.2.1　方案设计

根据相似材料模拟试验的近似法则,确定工程原型与模型的几何相似比 $\alpha_L = 50$,容重相似比 $\alpha_\gamma = 1.6$,时间相似比 $\alpha_t = 7$,应力相似比 $\alpha_\sigma = 66$。

霍林河北矿西端帮自上而下赋存为表土、粗砂岩、粉砂岩、21 号煤、基底砂岩。其中端帮采煤机主要对 21 号煤层进行打硐回采,硐室之间留设不同宽度支撑煤柱。试验设计四种不同宽度支撑煤柱,大小分别为 4.5 m、5 m、5.5 m 和 6 m,每一宽度模拟留设两条煤柱,即模拟回采三个硐室。根据文献[115]两条巷道相距为其 10 倍半径距离,则两巷道间支撑应力互不影响,因此不同宽度煤柱间距离设计为 20 m,确保开挖过程中相互之间没有影响。相似模拟方案模型如图 4-1 所示,从左至右煤柱宽度分别为 4.5 m、5 m、5.5 m 和 6 m,编号 1 号煤柱～8 号煤柱。每一煤柱内布置有 3 个应力监测点,分别编号为测点 1～测点 24。回采硐室分别编号为硐室 1～硐室 12。为消除边界效应,模型两侧各留 12 m 范围不回采。

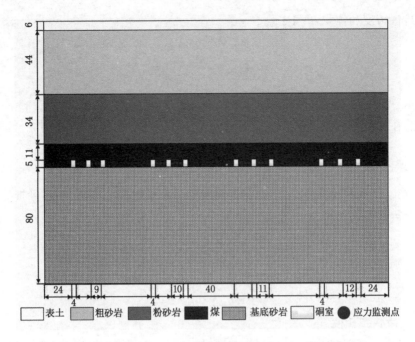

图 4-1　相似模拟方案模型

根据数值模拟研究结果,在边坡角为 20°、30°、40° 及 50°条件下,煤柱设计宽度分别为 4.5 m、5 m、5.5 m 及 6 m,其极限强度分别为 2.15 MPa、2.53 MPa、2.94 MPa 和 3.52 MPa。根据文献[116],对于浅埋煤层煤柱极限强度 σ_{zl} 可由式(4-9)表示。将不同宽度煤柱极限强度代入公式(4-9),得到边坡角为 20°、30°、40° 及 50°情况下,煤柱的二维等效埋深分别为 50 m、72 m、96 m 及 129 m。模拟模型煤层底板距地表 50 m,为模拟 72 m、96 m 及 129 m 埋深煤柱支撑应力变化规律,还需分别对模型表面施加约 500 kPa、1 100 kPa 及 1900 kPa 的应力。试验采用液压加载系统依次对模型施加 200 kPa,300 kPa,200 kPa,400 kPa,200 kPa,300 kPa,300 kPa 及 200 kPa 八个级别载荷,以此来模拟不同埋深煤柱所承受载荷及其随着载荷增加煤柱失稳演化规律。

$$\sigma_{zl} = \frac{1 + \sin \varphi}{1 - \sin \varphi}\lambda\gamma H + \frac{2c\cos \varphi}{1 - \sin \varphi} \tag{4-9}$$

式中　λ——煤层侧压力系数;

　　　H——埋深,m。

4.2.2　模型制作

根据实验室条件和研究需要,实验采用 DGS-8-1000 多通道微机控制电液伺服岩体平面相似材料模拟试验系统,模型装填尺寸为:长×宽×高＝3 000 mm×300 mm×1 800 mm,采用捣鼓法堆砌相似模型,制作完成相似模型如图 4-2 所示。

1 号～8 号煤柱内各布置 3 个应力监测点,共计 24 个监测点,利用 DH3816N 智能数字应变仪对应力变化进行实时监测。

图 4-2　相似材料模型

模型参数主要以煤岩的视密度、抗拉强度、抗压强度作为参考指标。原型煤岩物理力学性质参数与模型选择的相似材料配比号如表 4-1 所示。

表 4-1　原型与模型岩石强度及相似材料配比号

序号	岩层名称	实际厚度/m	模拟厚度/cm	岩石强度/MPa		模型强度/MPa		模拟材料配比号	密度/(kg/m³)
				单轴抗压	单轴抗拉	单轴抗压	单轴抗拉		
M1	表土	3	6	9.49	1.34	0.144	0.020	373	2 671
M2	粗砂岩	22	44	51.43	4.90	0.779	0.074	337	1 990
M3	粉砂岩	17	34	25.76	3.02	0.390	0.046	337	2 090
M4	21 号煤	8	16	17.66	2.06	0.268	0.031	437	1 270
M5	基底砂岩	40	80	45.19	3.40	0.685	0.052	337	2 010

（1）应力监测系统

在模型内布设应力监测装置，观测硐室回采及施加载荷后煤柱应力变化规律。开挖时，将预先埋入的 BW-5 型微型压力盒（见图 4-3）的电信号数据通过引线连接 DH3816N 型智能数字应变仪采集（见图 4-4），采集仪与电脑相连，实时收集应力变化，然后处理与分析获得数据。

（2）液压加载系统

分级应力加载主要是通过伺服加载控制系统实现的（见图 4-5）。通过液压系统对模型进行加载，根据测试过程中的加载要求，由计算机来实时调节加载载荷大小，从而完成测试要求。在控制过程中，每个压力板的压力和位移都由计算机实时收集，收集的曲线包括压力-时间曲线和压力-位移曲线。

图 4-3　BW-5 型压力盒

图 4-4　DH3816N 应力监测系统

图 4-5　微机控制电液伺服系统

4.3 支撑煤柱失稳演化规律分析

（1）回采硐室煤柱支撑应力演化规律

完成硐室1～硐室12回采后不同宽度煤柱支撑应力演化规律如图4-6～图4-9及表4-2～表4-5所示。分析可知，对于不同留设宽度煤柱，每完成1个硐室回采工作后，与硐室距离越近的煤柱内监测点应力增加幅度越大，受到回采工作影响越大，距离硐室越远，受回采工作的影响越小，与回采硐室相对距离最远的几个测点，几乎不受相对应的硐室回采影响。完成所有硐室回采工作，应力重新分布达到平衡后，各宽度煤柱两侧监测点应力大于中部测点，随着煤柱宽度增加，边缘及核区的支撑应力逐渐减小，应力集中系数逐渐变小。

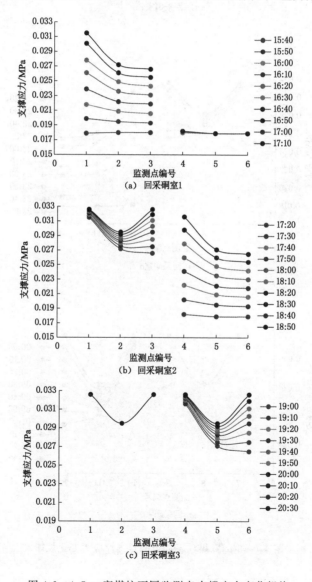

图 4-6 4.5 m宽煤柱不同监测点支撑应力变化规律

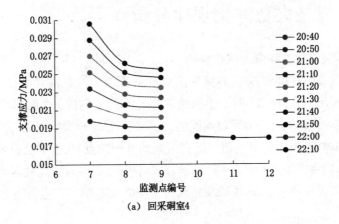

（a）回采硐室4

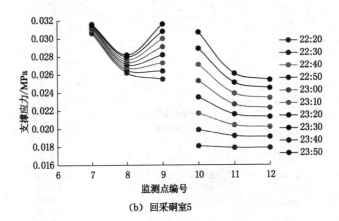

（b）回采硐室5

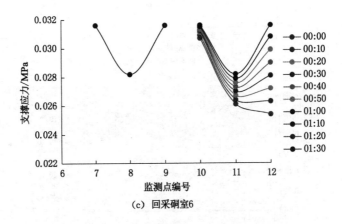

（c）回采硐室6

图 4-7　5 m 宽煤柱不同监测点支撑应力变化规律

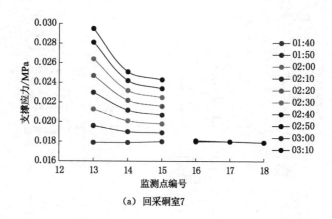

（a）回采硐室7

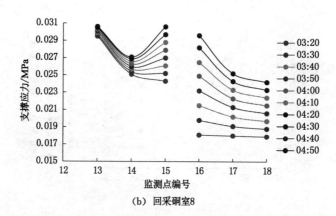

（b）回采硐室8

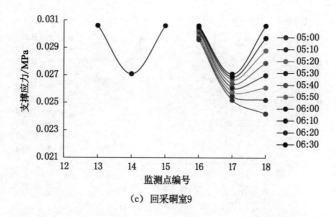

（c）回采硐室9

图 4-8　5.5 m 宽煤柱不同监测点支撑应力变化规律

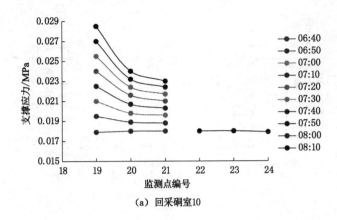

（a）回采硐室10

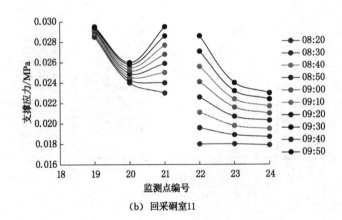

（b）回采硐室11

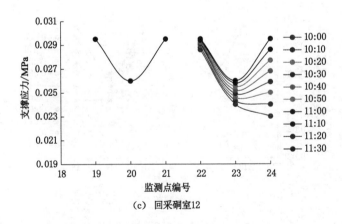

（c）回采硐室12

图 4-9　6 m 宽煤柱不同监测点 4 支撑应力变化规律

表 4-2　回采硐室 1～3 煤柱支撑应力变化规律

回采情况	测点 1/MPa	测点 2/MPa	测点 3/MPa	测点 4/MPa	测点 5/MPa	测点 6/MPa
回采前	0.017 9	0.018 0	0.018 0	0.018 0	0.017 9	0.017 9
回采硐室 1	0.031 5	0.027 2	0.026 6	0.018 2	0.017 9	0.017 9
回采硐室 2	0.032 6	0.029 5	0.032 6	0.031 6	0.027 1	0.026 5
回采硐室 3	0.032 6	0.029 5	0.032 7	0.032 6	0.029 5	0.032 6

表 4-3　回采硐室 4～6 煤柱支撑应力变化规律

回采情况	测点 7/MPa	测点 8/MPa	测点 9/MPa	测点 10/MPa	测点 11/MPa	测点 12/MPa
回采前	0.017 9	0.018 0	0.018 0	0.018 0	0.017 9	0.017 9
回采硐室 4	0.030 6	0.026 2	0.025 5	0.018 0	0.017 9	0.017 9
回采硐室 5	0.031 6	0.028 2	0.031 6	0.030 7	0.026 1	0.025 4
回采硐室 6	0.031 6	0.028 2	0.031 6	0.031 6	0.028 2	0.031 6

表 4-4　回采硐室 7～9 煤柱支撑应力变化规律

回采情况	测点 13/MPa	测点 14/MPa	测点 15/MPa	测点 16/MPa	测点 17/MPa	测点 18/MPa
回采前	0.017 9	0.017 9	0.018 0	0.018 0	0.018 0	0.017 9
回采硐室 7	0.029 5	0.025 1	0.024 3	0.018 1	0.018 0	0.017 9
回采硐室 8	0.030 6	0.027 1	0.030 6	0.029 6	0.025 2	0.024 2
回采硐室 9	0.030 6	0.027 1	0.030 6	0.030 6	0.027 1	0.030 6

表 4-5　回采硐室 10～12 煤柱支撑应力变化规律

回采情况	测点 19/MPa	测点 20/MPa	测点 21/MPa	测点 22/MPa	测点 23/MPa	测点 24/MPa
回采前	0.017 9	0.018 0	0.018 0	0.018 0	0.018 0	0.017 9
回采硐室 10	0.028 5	0.024 0	0.023 0	0.018 0	0.018 0	0.017 9
回采硐室 11	0.029 5	0.026 0	0.029 5	0.028 6	0.024 0	0.023 0
回采硐室 12	0.029 5	0.026 0	0.029 5	0.029 5	0.026 0	0.029 5

　　煤柱支撑应力分布形态都呈马鞍形,且相似模型煤柱表面未出现破坏裂纹,表明煤柱均处于稳定状态。支撑煤柱宽 4.5 m、二维等效埋深 50 m 时,煤柱处于稳定状态,证明了在边坡角为 20°情况下,支撑煤柱留设宽度为 4.5 m 的安全性。

　　(2) 分级加载煤柱支撑应力演化规律

　　图 4-11(a)为第一次加载 200 kPa 载荷后 4.5 m 宽煤柱内支撑应力随时间变化规律。加载后煤柱内各测点应力逐渐增加到最大值,中间测点的应力增速大于两侧测点,应力值也超过两侧测点,而后各测点的应力逐渐减小到某一稳定值。煤柱支撑应力形态由马鞍形变为近似平台形到最后呈拱形分布,煤柱也由稳定状态到临界状态,最后转变为失稳状态。上述过程表明,当煤柱载荷超过其承载能力后,煤柱发生渐进式失稳,煤柱两侧

图 4-10 硐室 1～12 回采后煤柱变形破坏情况

所受应力大,首先发生屈服,应力逐渐向内部弹性核区转移,核区的应力集中逐渐增大发生屈服,屈服区不断向内部核区发展扩大,最终煤柱发生失稳,核区消失,支撑应力向两侧实体煤层转移,应力重新平衡。

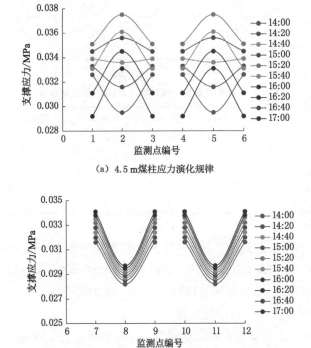

图 4-11 第一次加载不同宽度煤柱支撑应力变化规律

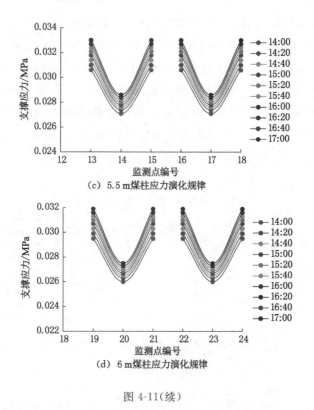

（c）5.5 m煤柱应力演化规律

（d）6 m煤柱应力演化规律

图 4-11（续）

　　加载 200 kPa 载荷后，1 号煤柱和 2 号煤柱支撑应力最终呈拱形分布，煤柱表面出现剪切破坏裂纹（见图 4-12），发生剪切失稳破坏，表明在边坡角 20°时未过大地设计煤柱留设宽度，结合回采硐室 1～硐室 3 后研究结果，验证了其留设宽度合理性。图 4-11（b）～4-11（d）为加载 200 kPa 载荷后 5 m、5.5 m 及 6 m 宽煤柱内支撑应力随时间变化情况。由图可知，煤柱内各测点应力均平缓增加到一定值后达到稳定，3 号煤柱～8 号煤柱支撑应力形态分布呈马鞍形，煤柱表面未出现破坏裂纹，表明煤柱都处于稳定状态。

图 4-12　第一次加载支撑煤柱失稳破坏情况

  图 4-13(a)为第二次加载 300 kPa 载荷后 5 m 宽煤柱内支撑应力随时间变化情况。煤柱内各测点应力增加较快,且中间测点应力增速快于两侧测点,但煤柱支撑应力仍呈马鞍形分布,处于稳定状态。两次共加载 500 kPa 载荷,支撑煤柱宽 5 m,二维等效埋深 72 m 时,煤柱处于稳定状态,证明了在边坡角为 30°情况下,支撑煤柱留设宽度为 5 m 的安全性。加载 500 kPa 载荷后 5.5 m 及 6 m 宽煤柱内各测点应力平缓增加到一定值后达到稳定,5 号~8 号煤柱支撑应力形态分布呈马鞍形[图 4-13(b)~4-13(c)],煤柱表面未出现破坏裂纹处于稳定状态。

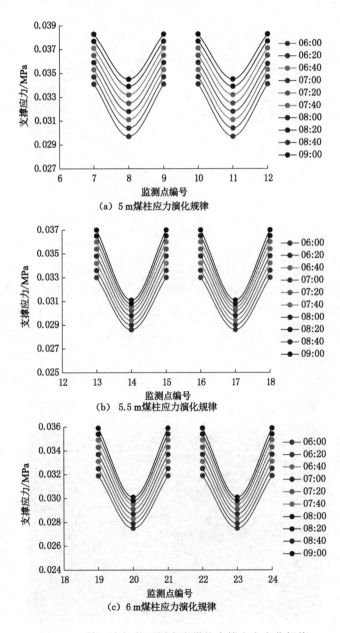

图 4-13 第二次加载不同宽度煤柱支撑应力变化规律

图 4-14(a)为第三次加载 200 kPa 载荷后 5 m 宽煤柱内支撑应力变化规律。加载后煤柱内各测点应力增速较快,煤柱中间测点的应力增速大于两侧测点,最终应力超过两侧测点,而后各测点应力逐渐减小到某一稳定值。煤柱支撑应力形态由马鞍形变为近似平台形到最后呈拱形分布,煤柱也完成了由稳定到失稳状态的转变。该过程表明,当煤柱载荷超过其承载能力后,煤柱发生渐进式失稳,支撑应力向两侧实体煤层转移后应力重新平衡。

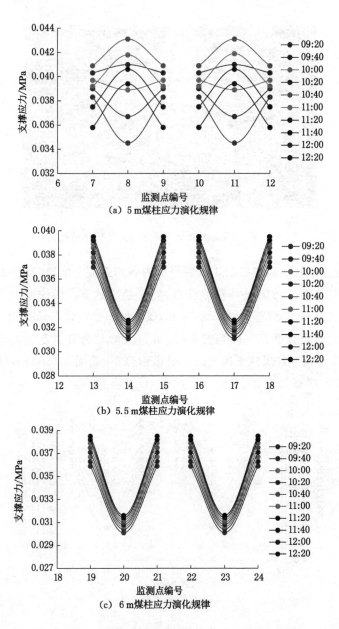

(a) 5 m 煤柱应力演化规律

(b) 5.5 m 煤柱应力演化规律

(c) 6 m 煤柱应力演化规律

图 4-14 第三次加载不同宽度煤柱支撑应力变化规律

加载 700 kPa 载荷后,3 号和 4 号煤柱应力呈拱形分布,出现剪切破坏裂纹(见图 4-15)发生剪切破坏,表明在边坡角 30°时,未过大地设计煤柱宽度,结合加载 500 kPa 载荷煤柱应力变化规律,验证了留设 5 m 宽煤柱的合理性。5.5 m 及 6 m 宽煤柱应力均平缓增加到一定值后达到稳定,5 号~8 号煤柱应力呈马鞍形分布,未出现破坏裂纹,处于稳定状态。

图 4-15　第三次加载支撑煤柱失稳破坏情况

第四次加载 400 kPa 载荷后 5.5 m 宽煤柱内各测点应力增速较快,中间测点应力增速大于两侧,煤柱支撑应力仍呈马鞍形分布,处于稳定状态。四次共加载 1 100 kPa 载荷,支撑煤柱宽 5.5 m,二维等效埋深为 96 m,煤柱处于稳定状态,证明了在边坡角为 40°情况下,支撑煤柱留设宽度 5.5 m 是安全的。6 m 宽煤柱内各测点应力平缓增加到一定值后达到稳定,7 号及 8 号煤柱支撑应力呈马鞍形分布[见图 4-16(b)],煤柱表面未出现破坏裂纹处于稳定状态。

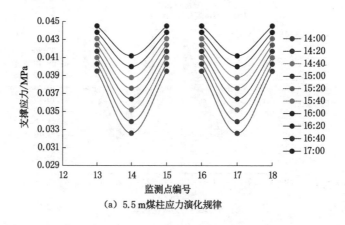

(a) 5.5 m 煤柱应力演化规律

图 4-16　第四次加载不同宽度煤柱支撑应力变化规律

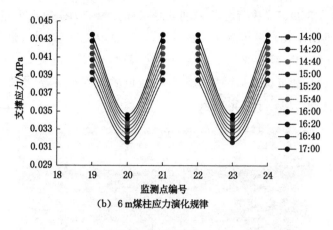

(b) 6 m煤柱应力演化规律

图 4-16(续)

　　图 4-17(a)为第五次加载 200 kPa 载荷后 5.5 m 宽煤柱内支撑应力变化规律。加载后煤柱内各测点应力迅速增大，煤柱中间测点的应力增速大于两侧测点，最终应力值超过两侧测点，而后各测点应力逐渐减小到某一稳定值。煤柱支撑应力形态由马鞍形逐渐转变为拱形分布，煤柱完成了由稳定到失稳状态的转变。该过程表明，当煤柱载荷超过其承载能力后，煤柱发生渐进式失稳，支撑应力向两侧实体煤层转移后重新达到平衡。

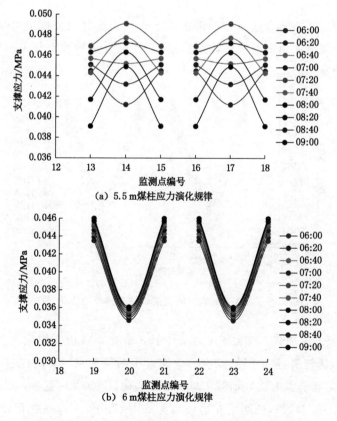

(a) 5.5 m煤柱应力演化规律

(b) 6 m煤柱应力演化规律

图 4-17　第五次加载不同宽度煤柱支撑应力变化规律

　　五次共加载 1 300 kPa 载荷后,5 号和 6 号煤柱支撑应力呈拱形分布,煤柱表面出现剪切破坏裂纹(见图 4-18),发生剪切失稳破坏,表明在边坡角 40°时未过大地留设煤柱宽度,结合加载 1 100 kPa 载荷煤柱支撑应力变化规律,验证了留设 5.5 m 宽煤柱的合理性。6 m 宽煤柱内各测点应力均平缓增加到一定值后达到稳定,7 号及 8 号煤柱支撑应力形态分布呈马鞍形,均处于稳定状态。

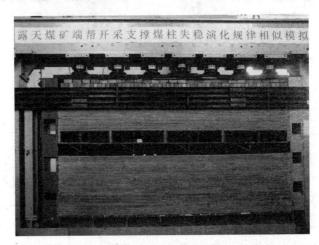

图 4-18　第五次加载支撑煤柱失稳破坏情况

　　图 4-19 为第六次加载 300 kPa 载荷条件下 6 m 宽煤柱内支撑应力变化规律。煤柱内各测点应力平缓增加到一定值后达到稳定,支撑应力呈马鞍形分布,煤柱表面未出现破坏裂纹处于稳定状态。

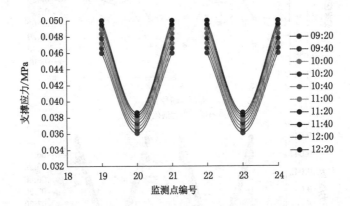

图 4-19　第六次加载不同宽度煤柱支撑应力变化规律

　　图 4-20 为第七次加载 300 kPa 应力条件下 6 m 宽煤柱内支撑应力变化规律。煤柱内各测点应力增速较快,且中间测点应力增速快于两侧测点,但煤柱支撑应力仍呈马鞍形分布,处于稳定状态。七次共加载 1 900 kPa 载荷,支撑煤柱宽 6 m,二维等效埋深为 129 m,煤柱处于稳定状态,证明了在边坡角为 50°情况下,支撑煤柱留设宽度 6 m 的安全性。

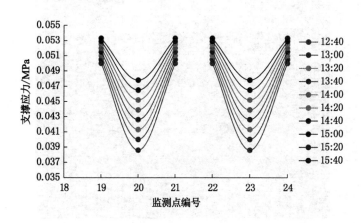

图 4-20 第七次加载不同宽度煤柱支撑应力变化规律

图 4-21 为第八次加载 200 kPa 载荷后 6 m 宽煤柱内支撑应力变化规律。加载后煤柱内各测点应力迅速增大,煤柱中间测点的应力增速大于两侧测点,应力值最终超过两侧测点,而后各测点应力逐渐减小到某一值后稳定。煤柱支撑应力形态由马鞍形逐渐转变为拱形分布,煤柱也完成了由稳定到失稳状态的转变。上述过程表明,当煤柱载荷超过其承载能力后,煤柱发生渐进式失稳,支撑应力向两侧实体煤层转移后重新达到平衡。

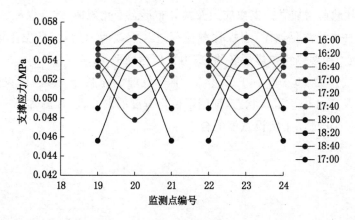

图 4-21 第八次加载不同宽度煤柱支撑应力变化规律

八次共加载 2 100 kPa 载荷后,7 号和 8 号煤柱支撑应力呈拱形分布,煤柱表面出现剪切破坏裂纹(见图 4-22),发生剪切失稳破坏,表明在边坡角 50°时未过大地留设煤柱宽度,结合加载 1 900 kPa 载荷煤柱支撑应力变化规律,验证了留设 6 m 宽煤柱的合理性。

图 4-22　第八次加载支撑煤柱失稳破坏情况

4.4　本章小结

本章以霍林河北矿西端帮为工程地质背景,基于摩尔库伦准则极限强度表达式,建立了二维等效相似材料模拟模型,对支撑煤柱失稳演化规律进行相似模拟试验研究,小结如下。

(1)基于随载荷增加煤柱支撑应力及其分布形态变化规律,结合煤柱宏观破坏特征,揭示了支撑煤柱失稳演化规律,当煤柱载荷超过其承载能力后,煤柱发生渐进式剪切失稳破坏,支撑应力向两侧实体煤层转移,应力重新达到平衡。

(2)在边坡角为 20°、30°、40° 及 50° 二维等效埋深条件下,煤柱留设宽度 4.5 m、5.0 m、5.5 m 及 6 m 处于稳定状态,证明了留设宽度的安全性;在施加下一级载荷后,煤柱发生失稳,进一步证明了留设宽度的合理性。

5 端帮开采支撑煤柱失稳判据及参数设计方法研究

第3章、第4章基于数值模拟及相似模拟试验分别对支撑煤柱的失稳机理及演化规律进行了研究,对得出的结论进一步提炼成理论成果,以便更好地指导实践工作。基于此,本章结合数值模拟及相似模拟模拟试验结果,建立支撑煤柱承载模型,基于突变理论构建尖点突变模型,推导支撑煤柱失稳判据,结合安全储备系数要求,提出端帮开采条件下支撑煤柱参数的设计方法。

5.1 突变理论数学模型

文献[117]指出煤柱的破坏与失稳是典型的远离平衡态的非线性过程,非线性科学的发展及应用对煤柱理论发展起到极大推动作用。作为非线性理论分支的突变理论是研究系统随控制参数变化而改变的特性,对突变理论的研究可进一步加深对支撑煤柱失稳演化过程的认识。

基于数学工具拓扑学和奇点理论,使用突变理论来研究各种突跳。即将数学模型用于讨论系统状态产生跳跃变化的一般规律。应用拓扑学理论将各类现象划分为不同的拓扑结构,并探讨各种临界点附近的不连续性特征。基于要研究的问题,建立合适的突变模型,是突变理论成功应用的前提。研究表明,在控制变量不大于4、状态变量不大于2的情况下最多可有7种基本突变模型,其中以尖点突变模型应用最广,它具有两个控制变量和一个状态变量。其势函数的标准形式为:势函数通用标准形式可表示为:

$$V_{(x)} = z^4 + pz^2 + qz \tag{5-1}$$

式中:z 是模型状态变量;p,q 是模型的控制变量。(p,q) 包含于控制平面中,(z,p,q) 形成了三维相空间。该模型在 (z,p,q) 相空间中的图形被称为突变模型,是大型褶皱构成的曲面中对应的势函数取最大值,该位置不稳定,上叶及下叶对应的位置是稳定的。用三维空间坐标点 (z,p,q) 表示系统状态,则任一坐标点都会落在平衡曲面中。若系统变量改变时,系统的运动轨迹是突变模型上的曲线。该曲线具有如下特点:存在两个稳定状态和一个非稳定状态,平衡状态经过一系列发展,会在某一拐点产生突跳式失稳。

建立尖点突变模型,通过以下步骤对煤柱的失稳及破坏进行分析:

① 基于研究对象的特征建立力学模型,求得模型的总势能函数的计算式,并将其转换为尖点突变模型的标准形式,如公式(5-1)所示。

② 对公式(5-1)进行求导,平衡曲面 M 和奇点值的计算式可表示为:

$$V'_{(x)} = 4x^3 + 2px + q = 0 \tag{5-2}$$

$$V''_{(x)} = 12x^2 + 2p = 0 \tag{5-3}$$

③ 联立公式(5-2)和(5-3)消除 x 以获得模型的分叉集表达式：

$$8p^3 + 27q^2 = 0 \tag{5-4}$$

分叉集代表系统的奇点集的集合，分布于控制平面上。只有当 $p \leqslant 0$ 时，才可以越过分叉集，因此，模型突变发生的必要条件是 $p \leqslant 0$。若 p, q 满足公式(5-4)时，模型处于临界状态，可得模型突跳的临界条件。

④ 系统模型中一些客观因素的改变会导致状态变量 p, q 的变化，通过平衡曲面分析系统的演化路径。

5.2 支撑煤柱尖点突变模型

边坡"三角载荷"条件下支撑煤柱支撑应力峰值位置与均布载荷条件有很大不同。基于数值模拟得出的煤柱支撑应力峰值位置分布规律及该位置支撑应力分布形态，指出煤柱倾向支撑应力分布近似于"碗形"而非文献[118]描述的等值均匀分布，据此提出了支撑煤柱承载模型，见图 5-1 所示。图中弧形实线为实际支撑应力分布曲线，沿煤柱中心位置对称，将实际应力曲线假定为图中两条虚折线，煤柱承受上覆岩层载荷可由支撑应力峰值与最小支撑应力和的一半与煤柱宽度乘积求出，如式(5-5)。

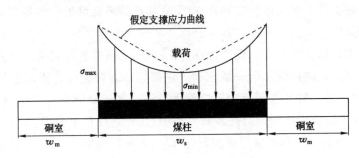

图 5-1 支撑煤柱承载模型

$$P = \frac{\sigma_{min} + \sigma_{max}}{2} w_s \tag{5-5}$$

将表 3-7～表 3-10 最大及最小支撑应力代入公式(5-5)，得到不同边坡角采深各煤柱宽度条件下上覆岩层的载荷，见表 5-1。应用 MATLAB 拟合上覆岩层的载荷，得到煤柱载荷随边坡角、采深及宽度变化的表达式：

$$P = 0.063\,8\theta + 0.002\,3L^2 + 0.195w_s^2 \tag{5-6}$$

式中 θ ——边坡角，$(°)$；

      L ——采深，m；

      w_s ——煤柱宽度，m。

表 5-1   煤柱在不同边坡角度、采深及宽度条件下承担载荷

角度/(°)	采深/m	宽度/m	载荷/MN	角度/(°)	采深/m	宽度/m	载荷/MN	角度/(°)	采深/m	宽度/m	载荷/MN
20	50	3.7	4.78	30	65	4.5	6.59	50	80	5.1	10.45
20	50	3.9	4.95	30	65	4.7	6.81	50	80	5.3	10.72
20	50	4.1	5.12	40	65	4.4	7.22	50	80	5.5	11.01
20	50	4.3	5.3	40	65	4.6	7.5	50	80	5.7	11.3
30	50	3.9	5.42	40	65	4.8	7.75	20	100	4.1	6.11
30	50	4.1	5.62	40	65	5	7.99	20	100	4.3	6.31
30	50	4.3	5.81	50	65	4.7	8.49	20	100	4.5	6.51
30	50	4.5	5.97	50	65	4.9	8.75	20	100	4.7	6.7
40	50	4.1	6.14	50	65	5.1	8.99	30	100	4.6	8.07
40	50	4.3	6.36	50	65	5.3	9.22	30	100	4.8	8.31
40	50	4.5	6.55	20	80	3.9	5.42	30	100	5	8.52
40	50	4.7	6.75	20	80	4.1	5.62	30	100	5.2	8.69
50	50	4.3	6.93	20	80	4.3	5.81	40	100	5.1	10.43
50	50	4.5	7.15	20	80	4.5	6.01	40	100	5.3	10.71
50	50	4.7	7.36	20	80	4.3	6.94	40	100	5.5	10.96
50	50	4.9	7.59	20	80	4.5	7.18	40	100	5.7	11.25
20	65	3.8	5.13	30	80	4.7	7.4	50	100	5.6	13.53
20	65	4	5.32	30	80	4.9	7.63	50	100	5.8	13.9
20	65	4.2	5.5	40	80	4.7	8.5	50	100	6	14.22
20	65	4.4	5.71	40	80	4.9	8.78	50	100	6.2	14.53
30	65	4.1	6.17	40	80	5.1	9.01				
30	65	4.3	6.4	40	80	5.3	9.27				

采动导致应力重新分布,顶板集中载荷作用在支撑煤柱上,在煤柱边缘形成对称分布的塑性屈服区,其宽度为 x_p,采硐宽度为 w_m。煤柱的弹性核区与屈服区本构关系曲线[119](见图 5-2)是不同的,在弹性核区内呈线性关系,煤柱强度高,符合弹性法则,具有弹性或应变硬化特性,其抵抗变形的能力随变形值的增大而增大;在屈服区内,本构关系为具有软化性质的非线性关系,煤柱一旦达到峰值强度后会很快卸载,煤柱强度低,抵抗变形的能力随变形值的增大而减小。

煤柱应力 σ,应变 ε 及损伤参量 D 的关系可以表示为[120]:

$$\sigma = E\varepsilon(1-D) \tag{5-7}$$

式中: $D=1-\exp\left(-\dfrac{\varepsilon}{\varepsilon_0}\right)$; ε_0 为一定载荷下煤柱的应变量,m; E 为煤柱的弹性模量,MPa。

在煤柱屈服区内,其宽度为 $2x_p$,对于煤层厚度为 h,屈服区承受载荷 P_s 与变形 u 的关系可表示为:

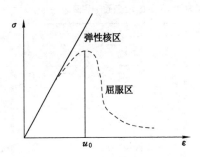

图 5-2　煤柱本构关系曲线

$$P_s = \frac{2x_p Eu}{h} \exp\left(-\frac{u}{u_0}\right) \tag{5-8}$$

式中　u_0——峰值载荷下变形值，m。

煤柱的弹性核区宽度为 $w_s - 2x_p$，符合弹性法则，对应承担载荷为：

$$P_e = \frac{Eu}{h}(w_s - 2x_p) \tag{5-9}$$

则支撑煤柱在屈服区内的应变能和弹性核区的弹性势能分别为：

$$V_s = \frac{2Ex_p}{h}\int_0^u \exp\left(-\frac{u}{u_0}\right) du \tag{5-10}$$

$$V_e = \frac{2E(W_s - 2x_p)}{h}\int_0^u u\,du \tag{5-11}$$

上覆岩层载荷的势能为：

$$V_p = (0.063\,8\theta + 0.002\,3L^2 + 0.195 w_s^2)u \tag{5-12}$$

则图 5-1 所示力学模型中系统的总势能函数为：

$$V = \frac{2Ex_p}{h}\int_0^u u\left(-\frac{u}{u_0}\right) du + \frac{2E(w_s - 2x_p)}{h}\int_0^u u\,du - (0.063\,8\theta + 0.002\,3L^2 + 0.195 w_s^2)u \tag{5-13}$$

以 u 为状态变量进行尖点突变理论分析。对 V 求一阶导数，并令其为 0，可求得平衡曲面 M 的方程为：

$$V' = \frac{2Ex_p}{h} u \exp\left(-\frac{u}{u_0}\right) + \frac{E(w_s - 2x_p)}{h} u - 0.063\,8\theta - 0.002\,3L^2 - 0.195 w_s^2 = 0 \tag{5-14}$$

公式(5-14)是力学模型的平衡条件。使尖点突变模型成功建立，继续求导平衡曲面方程，并使方程的二阶导数 $V'' = 0$。

$$V'' = 2(w_s - x_p)x_p \frac{E}{u_0}\left(2 - \frac{u}{u_0}\right) + \left(-4w_s x_p + 2w_s x_p \frac{u}{u_0} + 4x_p^2 - 2x_p^2 \frac{u}{u_0}\right)\left(\frac{1}{u_0}\right) e^{-\frac{u}{u_0}} = 0 \tag{5-15}$$

求得 $V'' = 0$ 有意义的解为 $u = u_1 = 2u_0$，在该处对平衡曲面的方程(5-14)在 $u = u_1 = 2u_0$ 处按泰勒公式展开，并取至三次项化简得：

$$\frac{4x_\mathrm{p}Eu_1\mathrm{e}^{-2}}{3h}\left\{\left(\frac{u-u_1}{u_1}\right)^3+\frac{3(u-u_1)}{2u}\left[\frac{(w_\mathrm{s}-2x_\mathrm{p})\mathrm{e}^2}{2x_\mathrm{p}}-1\right]+\right.$$

$$\left.\frac{3}{2}\left[1+\frac{(w_\mathrm{s}-2x_\mathrm{p})\mathrm{e}^2}{2x_\mathrm{p}}-\frac{Ph\mathrm{e}^2}{2x_\mathrm{p}Eu_1}\right]\right\}=0 \tag{5-16}$$

令无量纲量 z 为状态变量，p、q 为控制变量。

$$z=\frac{u-u_1}{u_1},\ p=\frac{3}{2}(k_0-1),\ q=\frac{3}{2}(1+k_0-t) \tag{5-17}$$

$$k_0=\frac{k_\mathrm{e}}{k_\mathrm{s}}=\frac{E(w_\mathrm{s}-2x_\mathrm{p})/h}{2x_\mathrm{p}E\mathrm{e}^{-2}/h}=\frac{(w_\mathrm{s}-2x_\mathrm{p})\mathrm{e}^2}{2x_\mathrm{p}}$$

$$t=\frac{h\mathrm{e}^2}{2x_\mathrm{p}Eu_1}(0.063\,8\theta+0.002\,3L^2+0.195w_\mathrm{s}^2) \tag{5-18}$$

式中：k_e、k_s 分别为煤柱弹性核区和屈服区介质刚度，N/m；t 为端帮开采下与采矿条件相关参数，即与采深、采宽、采高、留宽、上覆岩层容重、煤体的力学参数等因素有关。

由式(5-16)～式(5-18)可得尖点突变模型平衡方程标准形式：

$$z^3+pz+q=0 \tag{5-19}$$

求导方程式(5-19)，获得系统的奇点值方程式：

$$3z^2+p=0 \tag{5-20}$$

联立式(5-19)与式(5-20)求得系统分叉集控制方程：

$$\Delta=8p^3+27q^2=0 \tag{5-21}$$

将式(5-17)代入分叉集控制方程，化简得突变分叉集方程：

$$\Delta=2\,(k_0-1)^3+9\,(1+k_0-t)^2=0 \tag{5-22}$$

将式(5-18)代入式(5-22)化简得：

$$\Delta=2\left[\frac{(w_\mathrm{s}-2x_\mathrm{p})\mathrm{e}^2}{2x_\mathrm{p}}-1\right]^3+9\left[1+\frac{(w_\mathrm{s}-2x_\mathrm{p})\mathrm{e}^2}{2x_\mathrm{p}}-\right.$$

$$\left.\frac{he}{4x_\mathrm{p}Eu_0}(0.063\,8\theta+0.002\,3L^2+0.195w_\mathrm{s}^2)\right]^2=0 \tag{5-23}$$

当 $\Delta>0$ 时系统处于稳定状态；$\Delta=0$ 时，系统处于临界平衡状态；只有当 $\Delta<0$ 时，系统才能跨越分叉集发生突变，由式(5-23)获得系统发生突变的必要条件为：

$$k_0=\frac{(w_\mathrm{s}-2x_\mathrm{p})\mathrm{e}^2}{2x_\mathrm{p}}<1 \tag{5-24}$$

在尖点突变模型分叉集的右侧，即 $q>0$ 时，系统的状态变量 z 不会发生突跳；z 发生突跳只会存在分叉集的左侧，即 $q<0$ 时。综上分析研究，获得支撑煤柱发生突变失稳的充分必要条件为：

$$\begin{cases}2\left[\dfrac{(w_\mathrm{s}-2x_\mathrm{p})\mathrm{e}^2}{2x_\mathrm{p}}-1\right]^3+9\left[1+\dfrac{(w_\mathrm{s}-2x_\mathrm{p})\mathrm{e}^2}{2x_\mathrm{p}}-\dfrac{he^2}{4x_\mathrm{p}Eu_0}(0.063\,8\theta+0.002\,3L^2+0.195w_\mathrm{s}^2)\right]^2\leqslant0\\[4mm]\dfrac{(w_\mathrm{s}-2x_\mathrm{p})\mathrm{e}^2}{2x_\mathrm{p}}-1<0\\[4mm]1+\dfrac{(w_\mathrm{s}-2x_\mathrm{p})\mathrm{e}^2}{2x_\mathrm{p}}-\dfrac{he^2}{4x_\mathrm{p}Eu_0}(0.063\,8\theta+0.002\,3L^2+0.195w_\mathrm{s}^2)<0\end{cases}$$

$$\tag{5-25}$$

5.3　支撑煤柱突变失稳机理分析

　　系统模型的建立可通过平衡曲面方程和系统分叉集方程联合获得,分叉集是平衡曲面折痕投影到控制平面上的三次方抛物线小于 0 的部分。在分叉集内有三个模型平衡点,包括两个稳定点和一个不稳定点,即系统可能会从一种稳定状态突变破坏转变至另一种稳定状态。平衡曲面由三个部分组成,即上叶、中叶和下叶。下叶表示煤柱破坏的准备过程;上叶代表破坏后的稳定状态;中叶表示支撑煤柱处于临界状态。当顶板岩层性质较软时,控制变量沿路径Ⅰ改变;支撑煤柱的破坏和失稳过程是逐步发展的,发生瘫痪破坏。当上覆岩层岩性较硬时,控制变量沿路径Ⅱ改变;煤柱的突变失稳是从下叶向上叶的突跃式发展,煤柱迅速破坏。

　　式(5-25)为支撑煤柱发生突变失稳的充要力学条件。式(5-24)为煤柱发生突变失稳的必要条件,解得当 $2x_p > 0.88w_s$ 时,即当支撑煤柱屈服区宽度 $2x_p$ 与煤柱宽度 w_s 的比值大于 0.88 时,或支撑煤柱的核区率小于 0.12 时,煤柱才有可能发生突变失稳。研究表明,煤柱突变失稳是由系统模型内因决定的。从式(5-25)所知,即使煤柱屈服区宽度 $2x_p$ 超过煤柱总宽度 w_s 的 0.88,在突变发生之前,仍然需要一定的外界干扰。现场的干扰可能来自采矿或爆破振动影响,使煤柱变形发生突变失稳,能量获得突然释放,导致煤柱群破坏失稳、边坡滑坡等矿山灾害。

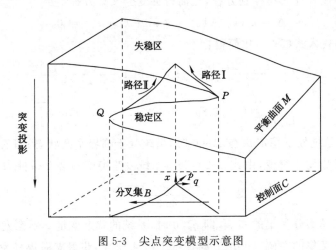

图 5-3　尖点突变模型示意图

5.4　支撑煤柱参数设计方法研究

5.4.1　煤柱 Mohr-Coulomb 极限强度分析

　　摩尔在 20 世纪提出摩尔强度理论,该理论指出材料的破坏是因为材料的某处剪切应力超过其极限强度所致,并且剪应力与材料的特性和破坏面上的摩擦力密切相关。大量理论和实试验结果表明,可用直线代替摩尔强度包络线,此直线方程即为库伦公式—$\tau = c + \sigma \tan \varphi$,该理论是目前岩石力学中应用最广泛的。

通常以最大主应力 σ_1 为纵坐标,以最小主应力 σ_3 为横坐标形式进行数据处理,如图 5-4 所示。该坐标形式下强度包络线可用公式(5-26)表示,表达式为:

$$\sigma_1 = \frac{1 + \sin \varphi}{1 - \sin \varphi} \sigma_3 + \frac{2c\cos \varphi}{1 - \sin \varphi} \tag{5-26}$$

式中 c——岩土体内聚力,MPa;

   φ——岩土体内摩擦角,(°)。

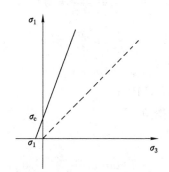

图 5-4 摩尔强度包络线

端帮开采后,煤体必然从顶底板岩层向两侧挤出,并在煤层界面上伴随有剪应力 τ_x 产生。煤层概化为均匀、连续、各向同性的理想弹-塑性材料,支撑煤柱沿纵向处于平面应变状态,计算力学模型如图 5-5 所示,图中 H 为煤层埋深,h 为煤层开采厚度。

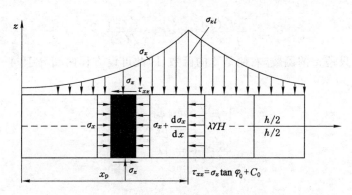

图 5-5 支撑煤柱力学分析模型

由于露天矿的开采方式为逐层开采,在开采过程中构造应力已经卸去,所以在计算中只考虑自重应力场。在煤柱屈服区($0 < x < x_p$)内,侧向应力 σ_3 由外向内逐渐增大,在屈服区与弹性核区交界 $x = x_p$ 处达到最大,可视为开采前的原岩应力 $\sigma_3 = \lambda \gamma H$,将其代入式(5-26),即得基于 M-C 强度理论的支撑煤柱极限强度 σ_{zl} 为:

$$\sigma_{zl} = \frac{1 + \sin \varphi}{1 - \sin \varphi} \lambda \gamma H + \frac{2c\cos \varphi}{1 - \sin \varphi} \tag{5-27}$$

式中　λ——煤层侧压力系数；

　　　γ——上覆岩体重度，kN/m^3。

5.4.2　煤柱屈服区宽度计算

当煤体从顶底板岩层间挤出时，煤层界面附近某个邻域内的煤体应力应满足应力微分平衡方程[17]。设煤层仅受上覆岩层的重力作用，剪切破坏面平行于煤层界面，所以支撑煤柱受力关于 x 轴对称，用以求解极限平衡区界面应力的基本方程为：

$$\frac{\partial \sigma_x}{\partial \sigma} + \frac{\partial \tau_{xz}}{\partial z} = 0 \tag{5-28}$$

$$\frac{\partial \tau_{xz}}{\partial x} + \frac{\partial \sigma_z}{\partial z} = 0 \tag{5-29}$$

$$\tau_{xz} = -(\sigma_z \tan \varphi_0 + c_0) \tag{5-30}$$

式中　c_0——煤层界面的内聚力，MPa；

　　　φ_0——煤层界面的内摩擦角，(°)。

由式(5-29)，式(5-30)可得：

$$-\frac{\partial \sigma_z}{\partial x} \tan \varphi_0 + \frac{\partial \sigma_z}{\sigma_z} = 0 \tag{5-31}$$

根据数理方程可设：

$$\sigma_z = f(x)g(z) + D_1 \tag{5-32}$$

把式(5-32)代入式(5-31)得：

$$-f'(x)g(x)\tan \varphi_0 + f(x)g'(z) = 0 \tag{5-33}$$

经整理得：

$$\frac{-f'(x)}{f(x)}\tan \varphi_0 = \frac{g'(z)}{g(z)} \tag{5-34}$$

方程左侧只是 x 的函数，右侧是 z 的函数，因此可设方程两端等于同一常数 D，则得到如下表达式：

$$\begin{cases} \dfrac{f'(x)}{f(x)}\tan \varphi_0 = D \\ \dfrac{g'(z)}{g(z)} = D \end{cases} \tag{5-35}$$

所以：

$$\begin{cases} f(x) = D'_1 e^{\frac{D}{\tan \varphi_0}x} \\ g(z) = D'_2 e^{Dz} \end{cases} \tag{5-36}$$

将式(5-36)代入式(5-32)和式(5-30)可得：

$$\begin{cases} \sigma_z = D'_1 D'_2 e^{Dz} e^{\frac{Dx}{\tan \varphi_0}} + D_1 \\ \tau_{xy} = -[(D'_1 D'_2 e^{Dz} e^{\frac{Dx}{\tan \varphi_0}} + D_1)\tan \varphi_0 + c_0] \end{cases} \tag{5-37}$$

式中：D_1, D'_1, D_2, D'_2 为待定常数。

因为在煤层的上边界，$z = \dfrac{h}{2}$，故可设：

$$D_0 = D'_1 D'_2 \mathrm{e}^{\frac{Dh}{2}} \tag{5-38}$$

因此,煤层界面上的应力可以通过式(5-37)求得。将式(5-38)代入式(5-37)得:

$$\begin{cases} \sigma_z = D_0 \mathrm{e}^{Dz} \mathrm{e}^{\frac{Dx}{\tan \varphi_0}} + D_1 \\ \tau_{xy} = - \left[(D_0 \mathrm{e}^{\frac{Dx}{\tan \varphi_0}} + D_1) \tan \varphi_0 + c_0 \right] \end{cases} \tag{5-39}$$

根据图 5-5 所示的力学模型,取整个应力极限平衡区的煤体作为分离体,由 x 方向的合力为零,可得:

$$\lambda h \left[\sigma_z \right]_{x=x_0} + 2 \int_0^{x_p} (\tau_x) \mathrm{d}x = 0 \tag{5-40}$$

这是一个关于 x_0 的平衡方程式,将其对 x_0 求导,得:

$$\lambda h \frac{\mathrm{d}\left[\sigma_z \right]_{x=x_p}}{\mathrm{d}x_p} + 2 \left[\tau_{xz} \right]_{x=x_p} = 0$$

即:

$$\lambda h \frac{\mathrm{d}\left[\sigma_z \right]_{x=x_p}}{\mathrm{d}x_p} - 2\tan \varphi_0 \left[\sigma_z \right]_{x=x_p} - 2c_0 = 0$$

解得:

$$\left[\sigma_z \right]_{x=x_p} = D' \mathrm{e}^{\frac{2\tan \varphi_0}{\lambda h}} - \frac{c_0}{\tan \varphi_0} \tag{5-41}$$

令式(5-39)中的 $x=x_0$,并与上式比较,可得:

$$\begin{cases} D = \frac{2\tan^2 \varphi_0}{\lambda h} \\ D_1 = -\frac{c_0}{\tan \varphi_0} \\ D_0 = D' \end{cases} \tag{5-42}$$

根据 $\sigma_3 = \lambda \gamma H$ 和式(5-39)~式(5-42),可得:

$$\begin{cases} D_0 \mathrm{e}^{\frac{2\tan \varphi_0}{\lambda h}x_p} - \frac{c_0}{\tan \varphi_0} = \sigma_{zl} \\ 2 \int_0^{x_p} \tau_{xz} \mathrm{d}x + \lambda \sigma_{zl} h = 0 \end{cases} \tag{5-43}$$

因为:

$$\int_0^{x_p} \tau_{xz} \mathrm{d}x = \frac{D_0 \lambda h}{2} (1 - \mathrm{e}^{\frac{2\tan \varphi_0}{\lambda h}x_p})$$

所以式(5-43)变为:

$$\begin{cases} D_0 \mathrm{e}^{\frac{2\tan \varphi_0}{\lambda h}x_p} - \frac{c_0}{\tan \varphi_0} = \sigma_{zl} \\ \lambda h D_0 (1 - \mathrm{e}^{\frac{2\tan \varphi_0}{\lambda h}x_p}) + \lambda h \sigma_{zl} = 0 \end{cases} \tag{5-44}$$

解式(5-44)得:

$$D_0 = \frac{c_0}{\tan \varphi_0} \tag{5-45}$$

将(5-41)和(5-45)代入式(5-39)，得到煤层应力极限平衡区范围内的煤层界面的正应力及剪切应力分别为：

$$\begin{cases} \sigma_z = \dfrac{c_0}{\tan \varphi_0} \mathrm{e}^{\frac{2\tan \varphi_0}{\lambda h}x} - \dfrac{c_0}{\tan \varphi_0} \\ \tau_{xz} = -c_0 \mathrm{e}^{\frac{2\tan \varphi_0}{\lambda h}x} \end{cases} \tag{5-46}$$

煤柱一侧塑性屈区服宽度 x_p 为：

$$x_p = \frac{\lambda h}{2\tan \varphi_0} \ln\left(\frac{\sigma_{zl} + c_0 \cot \varphi_0}{c_0 \cot \varphi_0} \right) \tag{5-47}$$

5.4.3　合理支撑煤柱宽度设计

根据端帮开采支撑煤柱发生突变失稳破坏机理，煤柱发生突变失稳的必要条件是屈服区宽度 $2x_p$ 与煤柱宽度 w_s 的比值大于等于 0.88，当屈服区宽度 $2x_p$ 与煤柱留设宽度 w_s 比值小于 0.88 时，煤柱处于稳定状态。煤柱临界失稳状态即是屈服区宽度 $2x_p$ 与煤柱宽度 w_s 的比值等于 0.88。在对支撑煤柱宽度进行设计时，可通过式(5-48)首先计算出煤柱临界状态时的宽度。

$$2x_p = 0.88 w_s \tag{5-48}$$

即：

$$w_s = 2.27 x_p \tag{5-49}$$

应用临界状态支撑煤柱宽度乘以安全储备系数 f_s 获得合理的留设宽度，如式(5-50)所示。

$$w_s = 2.27 f_s x_p \tag{5-50}$$

式中　f_s——支撑煤柱安全储备系数。

将式(5-47)代入式(5-50)得到支撑煤柱的留设宽度为：

$$w_s = \frac{1.135 \lambda h f_s}{\tan \varphi_0} \ln\left(\frac{\sigma_{zl} + c_0 \cot \varphi_0}{c_0 \cot \varphi_0} \right) \tag{5-51}$$

根据外国端帮开采工程实际应用经验，为防止碎石垮落、地表沉陷和其他工程地质问题，支撑煤柱安全系数一般取 1.3 以上，永久煤柱的安全系数选取 1.5～2.0[121-122]。本书端帮开采设计不考虑留设永久隔离煤柱，相应的，通过提高支撑煤柱的安全系数来确保煤柱稳定性。

基于数值模拟获得的不同宽度煤柱极限强度，结合相似模拟试验得到的不同边坡形态及采深条件下合理的煤柱留设宽度，见表 5-2 所示。c_0 及 φ_0 一般取煤体的内聚力及内摩擦角，其他煤岩体力学参数参见表 2-1。将合理煤柱留宽、极限强度及其他力学指标带入式(5-51)进行拟合，获得安全系数 f_s 的值等于 1.4，因此支撑煤柱的安全系数选取为 1.4。对不同宽度支撑煤柱极限强度进行拟合，得到与煤柱宽度相关的极限强度表达式：

$$\sigma_{zl} = 0.43 \exp(w_s/2.89) + 0.115 \tag{5-52}$$

将煤柱安全系数 $f_s = 1.4$ 及极限强度表达式代入式(5-51)，煤柱合理留设宽度计算

式可表示为:

$$w_s = \frac{1.589\lambda h}{\tan \varphi_0}\ln\left(\frac{0.43\ \exp^{\frac{w_s}{2.89}} + c_0\cot \varphi_0 + 0.115}{c_0\cot \varphi_0}\right) \tag{5-53}$$

表 5-2 合理煤柱宽度及对应的极限强度

煤柱宽度 w_s/m	4.1	4.2	4.3	4.5	4.7	4.8	5.0	5.1	5.5	6
极限强度 σ_{zl}/MPa	1.87	1.93	1.99	2.15	2.29	2.37	2.53	2.59	2.94	3.52
极限强度及相关参数/m	2.94	3.01	3.07	3.23	3.37	3.44	3.59	3.64	3.93	4.37

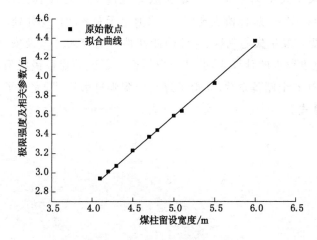

图 5-6 稳定系数 f_s 曲线拟合

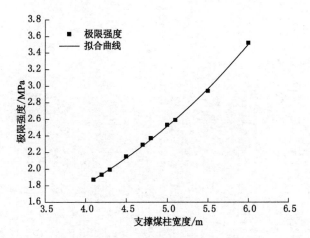

图 5-7 不同宽度支撑煤柱极限强度曲线拟合

5.5　本章小结

本章基于数值模拟及相似模拟试验结果,建立了支撑煤柱承载模型,基于突变理论,建立了尖点突变模型,进一步认识了煤柱失稳过程,推导出煤柱失稳判据。提出了基于突变失稳判据及满足安全储备系数要求的支撑煤柱参数设计方法。

① 基于数值模拟支撑应力分布规律,建立了支撑煤柱承载模型,得到了煤柱载荷随边坡角、采深及宽度变化的表达式,基于突变理论,推导出支撑煤柱发生突变失稳的充要条件。

② 煤柱发生突变失稳的必要条件是屈服区宽度 $2x_p$ 与煤柱宽度 w_s 的比值大于 0.88,当屈服区宽度 $2x_p$ 与煤柱留设宽度 w_s 比值小于 0.88 时,煤柱处于稳定状态。

③ 基于支撑煤柱发生失稳判据、煤柱两侧塑性区宽度表达式及安全储备系数要求,推导出支撑煤柱宽度留设的计算式,并基于数值模拟得到的煤柱极限强度及合理煤柱宽度留设,确定了煤柱安全储备系数,获得了煤柱极限强度表达式,完善了端帮开采支撑煤柱宽度留设的计算式。

6 端帮开采边坡稳定性计算方法研究

目前,关于露天矿边坡变形、破坏和稳定性的研究很多,基本上已经形成了较为成熟的理论和方法,但对于露井联采条件下边坡稳定性问题,尤其是端帮开采条件下边坡的稳定性研究较少。本章以霍林河北矿西端帮为研究对象,应用经典的刚体极限平衡分析法及断裂力学非贯通断续结构面理论对单一露天开采和端帮开采条件下的边坡稳定性进行分析、评价,结合支撑煤柱稳定性的研究,协同设计边坡形态及支撑煤柱留设宽度。

6.1 极限平衡理论

刚体极限平衡法是边坡稳定性定量分析中最成熟和最简单的方法,在工程领域得到了广泛的应用。极限平衡法的机理是将整个滑体划分成若干个刚性块体,并假定每个块体在一定条件下在剪切面上均达到临界状态。该方法认为边坡安全稳定系数为坡体中潜在破坏面上的块体沿破坏面的抗剪力与该块体沿破坏面的剪切力之比[123]。

(1)安全稳定系数定义

对于边坡稳定系数[124],即将岩土体的抗剪力学指标 c、φ 值折减到边坡潜在滑体处于极限平衡状态,如下:

$$\tau = c'_{\varepsilon} + \sigma'_{n} \cdot \tan \varphi'_{\varepsilon} \tag{6-1}$$

式中　$\tan \varphi'_{\varepsilon}$——值为 $\tan \varphi'/F$;

　　　c'_{ε}——值为 c'_{ε}/F;

　　　c'_{ε}——折减后内聚力,MPa;

　　　φ'_{ε}——折减后内摩擦角,(°)。

(2)摩尔-库仑强度准则

假定边坡岩土体的某一部分沿一特定的滑面滑动,且处于临界失稳状态,即与 τ 符合摩尔库仑强度准则。因此,滑面上每个条块的法向应力 N 和切向应力 T 满足:

$$\Delta T = c' \Delta x \tan \alpha + (\Delta N - u \Delta x \tan \alpha) \tan \varphi'_{\varepsilon} \tag{6-2}$$

式中　$\tan \alpha$——块底倾角的正切值,值为 $\mathrm{d}y/\mathrm{d}x$;

　　　u——孔隙水压力,其系数为 $r_u = u/(\mathrm{d}W/\mathrm{d}x)$,MPa。

(3)力平衡条件

对于划分好的各个块体及整个岩土体均应要求力与力矩的平衡。

工程中经常使用的计算边坡稳定性的刚体极限平衡法主要有简化 Bishop 法及剩余推力法等。Bishop 方法适用于圆弧滑动面的计算,剩余推力方法适用于任何形态滑坡的计算。鉴于霍林河北矿西端帮潜在滑坡模式可能为圆弧滑动或是组合滑动，因此基于这两种算法的原理，通过 Auto CAD 二次开发边坡稳定评价系统，为边坡稳定性计算提供快捷手段。两种计算方法的原理简述如下：

① 简化 Bishop 法

Bishop 方法是对 Fellenius 方法的重要改进，完善了边坡圆弧滑动评价方法。它第一次提出了边坡稳定系数的定义，这在条分方法的发展中起着重要推动作用。假设土条之间的力是水平的，再求出土条之间的法向应力。由力矩平衡确立边坡稳定系数。

在 Bishop 方法中，滑动面为圆弧形，稳定系数表示抗滑力矩与滑动力矩的比值，滑动面旋转中心处各块体均处于受力平衡状态。

根据条块垂直应力平衡，块体底部的有效法向应力如图 6-1 所示。

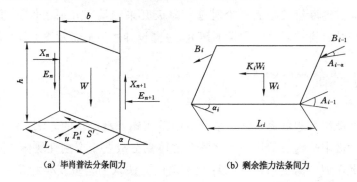

(a) 毕肖普法分条间力　　　(b) 剩余推力法条间力

图 6-1　极限平衡法的分条间力学分析

$$P'_n = \frac{W + (X_n - X_{n-1}) - L(\mu\cos\alpha + \frac{C}{F}\sin\alpha)}{m_\alpha} \tag{6-3}$$

式中：$m_\alpha = \cos\alpha + \sin\alpha\tan\varphi/F_s$。

稳定系数为：

$$\frac{1}{\sum W\sin\alpha} \sum \{[Cb + \tan\varphi(W - \mu b) + (X_n - X_{n-1})]/m_a\} \tag{6-4}$$

Bishop 法考虑各块体间力的作用，对稳定系数进行求解。E_n 和 E_{n+1} 是截面之间的法向力，根据平衡方程求解稳定系数的过程中将其消除了，各个块体的应力均处于平衡状态，力矩也处于平衡状态。由于难以精确获得块体之间的剪切力 $X_n - X_{n+1}$，所以忽略其影响，即 Bishop 简化法。

② 剩余推力法

也被称为不平衡推力传递法。剩余推力法作为一种条分法，具有分析滑坡的结构特征和计算剩余推力的突出优点，即对于每个块体的剩余滑动力，其方向平行于块体的底部，块体间仅传递压力，适于求解复杂载荷作用下，任意形状滑动面下滑力，最后一个块体的下滑力为零。

剩余推力法假定条块间作用力的方向，其重要前提就是假设当前条块在分界面处对下一块体的推力的方向平行于当前条块的底滑面，通过迭代求解平行于底面滑动面和垂直于底界面的两个力的合力,前缘块体的剩余推力为零。求解完整个滑动体后,取出第 i 号块体,假设来自 $i-1$ 号块体的力的方向平行于 $i-1$ 号块体的底部滑动面,并且第 i 号块体传给第 $i+1$ 号块体的力的方向平行于 i 号块体底部滑动面,如图 6-1(b) 所示。

平衡表达式为:

$$E_i = \frac{W_i \sin \alpha_i (W_i \cos \alpha_i \tan \varphi_i + C_i L_i)}{F} + \varphi_i E_{i-1} \tag{6-5}$$

$$\varphi_i = \frac{\cos(\alpha_{i-1} - \alpha_i) \tan \varphi_i \sin(\alpha_{i-1} - \alpha_i)}{F_s} \tag{6-6}$$

式中　φ_i——第 i 条块的推力传递系数;

　　　E_{i-1}——第 i 条块的剩余推力,MPa;

　　　W_i——第 i 条块的重量,kN/m³;

　　　α_i——第 i 条块的滑面倾角,(°);

　　　φ_i——第 i 条块的滑面摩擦角,(°);

　　　C_i——第 i 条块的滑面内聚力,MPa;

　　　L_i——第 i 条块的底面长度,m;

　　　F_s——稳定系数。

6.2　单一露天开采端帮角度设计研究

依据《煤炭工业露天矿设计规范》(GB 50197—2015)中对边坡安全系数 F_s 的规定:采场非工作帮边坡服务年限 10 年以下 F_s 宜采用 1.1~1.2;服务年限 10~20 年宜采用 1.2~1.3。综合考虑边坡类型、服务年限和重要程度以及物理力学指标的精度等因素,确定西端帮安全储备系数为 1.2。煤岩体力学参数参照表 2-1。

基于刚体极限平衡法,应用露天边坡团队研发的边坡稳定性计算软件,对单一露天开采条件下边坡稳定性进行评价。分析图 6-2 可知,霍林河北矿西端帮潜在滑坡模式为圆弧滑动。在边坡角度为 37°、38°、39° 和 40° 条件下,边坡稳定系数分别为 1.238、1.213、1.187 和 1.164。边坡角为 37° 及 38° 时均满足安全储备系数为 1.2 的要求。鉴于边坡角度为 38°,剥采比较小,回采率高,西端帮最终边坡角设计为 38°。

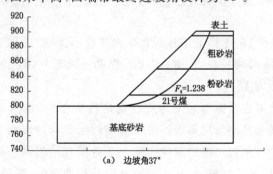

(a)　边坡角37°

图 6-2　不同边坡角边坡稳定性计算结果

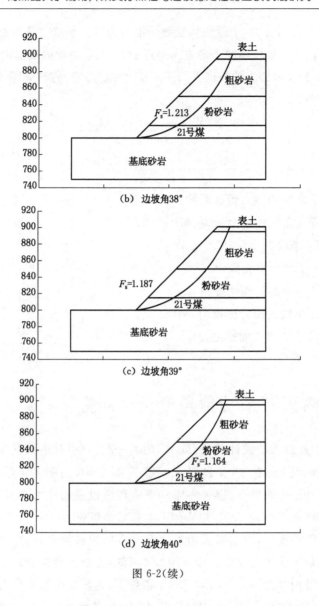

图 6-2(续)

6.3 端帮开采支撑煤柱与边坡稳定性互馈机制研究

在端帮开采条件下,根据目前霍林河北矿内排追踪速度,内排土场经 20 天可实现压帮工作,边坡弱层暴露时间较短,依据《岩土工程勘察规范》(GB 50021 — 2012),确定西端帮的安全储备系数为 1.1。

前文分析了边坡形态及采深对支撑煤柱稳定性的影响,提出了煤柱参数设计方法,但当前对于端帮开采煤柱参数对露天矿边坡稳定性起到何种影响及影响程度认识较少,有必要深入研究端帮开采对边坡稳定性影响及二者的互馈机制。根据端帮开采特点,硐室之间留设支撑煤柱,基于文献[125]非贯通断续结构面理论,端帮开采区域相当于由空区和岩桥组成的非贯通断续结构面,在上覆岩层重力作用下易形成演化弱层,可能改变边坡滑坡模式,由圆弧滑动转变为以演化弱层为底界面的切层-顺层滑动。沿煤柱倾向方向,演化弱层可认为由空区、煤柱塑性屈服区及弹性核区共同组成,如图 6-3 所示。在剪切过程中假定剪切面所通过的塑性屈服区和弹性核区都起抗剪作用。假设整个剪切面空区、屈服区及弹性核区(3 区)所占比例系数分别为 K_1、K_2 和 K_3,则整个演化弱层的抗剪强度可表示为:

$$\tau = K_1 C_r + K_2 C_p + K_3 C_e + \sigma(K_1 \tan\varphi_r + K_2 \tan\varphi_p + K_3 \tan\varphi_e) \qquad (6\text{-}7)$$

式中,C_r、C_p 及 C_e 分别为空区、塑性屈服区和弹性核区的内聚力,MPa;φ_r、φ_p 及 φ_e 分别为空区、塑性屈服区和弹性核区的内摩擦角,(°)。

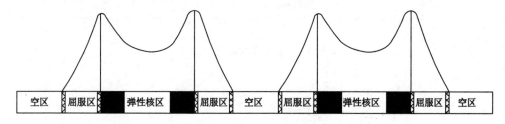

图 6-3　端帮开采区域分区

其中空区内聚力 C_r 及内摩擦角 φ_r 均为 0,煤柱塑性屈服区发生破坏内聚力 C_p 为 0,内摩擦角 φ_p 与弹性核区内摩擦角 φ_e 相等,弹性核区内聚力 C_e 及内摩擦角 φ_e 与煤体内聚力 C 及内摩擦角 φ 相等。

将式(6-7)与摩尔强度方程 $\tau = c + \sigma \tan\varphi$ 对比,可得演化弱层的内聚力 C_w 及内摩擦角 φ_w 为:

$$C_w = K_1 C_r + K_2 C_p + K_3 C_e \qquad (6\text{-}8)$$

$$\tan\varphi_w = K_1 \tan\varphi_r + K_2 \tan\varphi_p + K_3 \tan\varphi_e \qquad (6\text{-}9)$$

在边坡"三角载荷"作用下,沿支撑煤柱走向方向,随采深增加煤柱支撑应力持续增大,同时煤柱暴露时间愈短,相对应的目标时间强度逐渐增大。在煤柱支撑应力与目标时间强度的相互作用下,随采深增加,煤柱塑性区宽度不同。根据端帮采煤机开采技术参数,完成硐深 100 m 回采工作需要 3 天时间。为研究不同采深煤柱两侧塑性区宽度变化规律,以端帮开采 4 h、平均进尺 5.5 m 划分为一研究条块,沿采深方向 100 m 长煤柱共划分 18 个条块,见图 6-4。支撑煤柱与边坡稳定性相互影响,边坡形态影响煤柱支撑应力分布,进而对煤柱留设宽度需求不同,为使露天开采资源回采率最大,基于数值模拟及相似模拟试验不同边坡角度的合理煤柱留设宽度,对二者进行拟合,拟合方程如式(6-10)所示,得到边坡角为 38°时煤柱稳定的最小留设宽度为 5.4 m。因此构建边坡角 38°,支撑煤柱宽 5.4 m、5.6 m、5.8 m、6.0 m、6.2 m、6.4 m 及 6.6 m 的数值模拟模型,分析各个条块在不同载荷和目标时间强度相互作用下煤柱的支撑应力和屈服区宽度分布规律。

$$\theta = -70 + 20 w_s \qquad (6\text{-}10)$$

式中　θ——优化边坡角,(°);

　　　w_s——合理煤柱宽度,m。

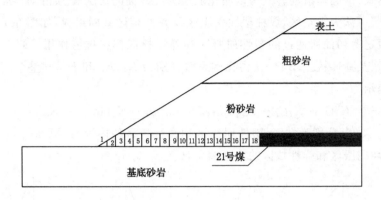

图 6-4 煤柱条块划分示意图

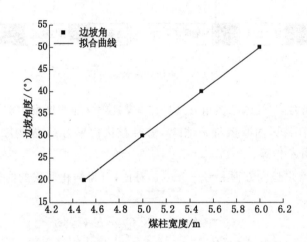

图 6-5 不同边坡角度合理支撑煤柱宽度拟合曲线

将条块的开采时间 t 对应的暴露时间带入目标时间强度拟合方程,得到目标时间内聚力 C_t 及内摩擦角值 φ_t。基于不同边坡角度、采深支撑应力峰值位置计算式,得到各条块对应采深支撑应力峰值位置 P_d,通过数值模拟计算获得该位置支撑应力峰值 σ_z 的变化规律;将应力值 σ_z 代入屈服区宽度计算式,得到不同宽度煤柱各条块屈服区宽度 x_p 分布规律。基于此,计算 500 m 开采范围不同条块 3 区比例系数 K_1、K_2 和 K_3,再结合条块目标时间强度,获得演化弱层抗剪强度参数内聚力 C_w 及内摩擦角 φ_w。不同宽度煤柱各条块开采时间 t、采深 L、支撑应力峰值位置 P_d,上覆岩层载荷 $P_{载}$、目标时间强度 C_t、φ_t,塑性区宽度 x_p 及演化弱层抗剪强度参数 C_w、φ_w 的模拟及计算结果汇总于表 6-1~6-7。对比分析表明,条块屈服区宽度受载荷影响大于目标时间强度影响,且随采深增加、载荷增大,屈服区宽度逐渐变大;随煤柱宽度的增加,对应条块屈服区宽度逐渐变小。

表 6-1　5.4 m 宽煤柱各条块塑性区宽度分布规律及演化弱层参数

时间 t/h	4	8	12	16	20	24	28	32	36
采深 L/m	5.5	11	16.5	22	27.5	33	38.5	44	49.5
P_d	2.2	7.5	12.8	18	23.5	28.9	34.2	39.5	44.9
$P_{载}/MN$	8.17	8.38	8.73	9.21	9.83	10.6	11.51	12.55	13.73
C_t/MPa	0.461	0.462	0.462	0.463	0.463	0.464	0.464	0.465	0.465
$\varphi_t/(°)$	17.61	17.62	17.63	17.63	17.64	17.65	17.66	17.66	17.67
σ_z/MPa	0.096	0.116	0.146	0.188	0.241	0.307	0.376	0.448	0.547
x_p/m	0.1	0.12	0.15	0.19	0.24	0.3	0.36	0.42	0.5
C_w/MPa	0.323	0.321	0.317	0.313	0.307	0.3	0.292	0.285	0.275
$\varphi_w/(°)$	12.8	12.81	12.82	12.82	12.83	12.83	12.84	12.84	12.85
时间 t/h	40	44	48	52	56	60	64	68	72
采深 L/m	55	60.5	66	71.5	77	82.5	88	93.5	100
P_d	50	55.5	60.9	66.2	71.5	76.9	82.2	87.5	93.8
$P_{载}/MN$	15.06	16.52	18.12	19.86	21.73	23.75	25.91	28.21	31.1
C_t/MPa	0.466	0.466	0.467	0.467	0.468	0.468	0.469	0.469	0.470
$\varphi_t/(°)$	17.68	17.69	17.70	17.70	17.71	17.72	17.73	17.74	17.75
σ_z/MPa	0.653	0.777	0.940	1.131	1.355	1.619	1.928	2.293	2.887
x_p/m	0.58	0.67	0.78	0.9	1.03	1.17	1.32	1.48	1.71
C_w/MPa	0.266	0.255	0.241	0.226	0.21	0.193	0.174	0.154	0.125
$\varphi_w/(°)$	12.85	12.86	12.87	12.87	12.88	12.88	12.89	12.9	12.9

表 6-2　5.6 m 宽煤柱各条块塑性区宽度分布规律及演化弱层参数

时间 t/h	4	8	12	16	20	24	28	32	36
采深 L/m	5.5	11	16.5	22	27.5	33	38.5	44	49.5
P_d	2.2	7.5	12.8	18	23.5	28.9	34.2	39.5	44.9
$P_{载}/MN$	8.57	8.78	9.13	9.61	10.23	11	11.91	12.95	14.13
C_t/MPa	0.461	0.462	0.462	0.463	0.463	0.464	0.464	0.465	0.465
$\varphi_t/(°)$	17.61	17.62	17.63	17.63	17.64	17.65	17.66	17.66	17.67
σ_z/MPa	0.086	0.106	0.136	0.177	0.219	0.285	0.353	0.423	0.522
x_p/m	0.09	0.11	0.14	0.18	0.22	0.28	0.34	0.40	0.48
C_w/MPa	0.327	0.326	0.322	0.318	0.313	0.306	0.299	0.293	0.283
$\varphi_w/(°)$	12.93	12.93	12.94	12.94	12.95	12.96	12.96	12.96	12.97
时间 t/h	40	44	48	52	56	60	64	68	72
采深 L/m	55	60.5	66	71.5	77	82.5	88	93.5	100
P_d	50	55.5	60.9	66.2	71.5	76.9	82.2	87.5	93.8
$P_{载}/MN$	15.46	16.92	18.52	20.26	22.13	24.15	26.31	28.61	31.5

表 6-2(续)

时间 t/h	4	8	12	16	20	24	28	32	36
C_t/MPa	0.466	0.466	0.467	0.467	0.468	0.468	0.469	0.469	0.470
φ_t/(°)	17.68	17.69	17.70	17.70	17.71	17.72	17.73	17.74	17.75
σ_z/MPa	0.626	0.749	0.894	1.066	1.285	1.522	1.822	2.175	2.751
x_p/m	0.56	0.65	0.75	0.86	0.99	1.12	1.27	1.43	1.66
C_w/MPa	0.274	0.263	0.251	0.237	0.222	0.206	0.188	0.168	0.14
φ_w/(°)	12.98	12.98	12.99	12.99	13	13.01	13.01	13.02	13.03

表 6-3　5.8 m 宽煤柱各条块塑性区宽度分布规律及演化弱层参数

时间 t/h	4	8	12	16	20	24	28	32	36
采深 L/m	5.5	11	16.5	22	27.5	33	38.5	44	49.5
P_d	2.2	7.5	12.8	18	23.5	28.9	34.2	39.5	44.9
$P_{载}$/MN	9.07	9.28	9.63	10.11	10.73	11.5	12.41	13.45	14.63
C_t/MPa	0.461	0.462	0.462	0.463	0.463	0.464	0.464	0.465	0.465
φ_t/(°)	17.61	17.62	17.63	17.63	17.64	17.65	17.66	17.66	17.67
σ_z/MPa	0.076	0.096	0.126	0.157	0.198	0.252	0.319	0.388	0.472
x_p/m	0.08	0.10	0.13	0.16	0.20	0.25	0.31	0.37	0.44
C_w/MPa	0.332	0.330	0.327	0.324	0.319	0.314	0.307	0.3	0.292
φ_w/(°)	13.05	13.06	13.06	13.06	13.07	13.08	13.09	13.09	13.09
时间 t/h	40	44	48	52	56	60	64	68	72
采深 L/m	55	60.5	66	71.5	77	82.5	88	93.5	100
P_d	50	55.5	60.9	66.2	71.5	76.9	82.2	87.5	93.8
$P_{载}$/MN	15.96	17.42	19.02	20.76	22.63	24.65	26.81	29.11	32
C_t/MPa	0.466	0.466	0.467	0.467	0.468	0.468	0.469	0.469	0.470
φ_t/(°)	17.68	17.69	17.70	17.70	17.71	17.72	17.73	17.74	17.75
σ_z/MPa	0.573	0.693	0.835	1.002	1.232	1.446	1.739	2.083	2.644
x_p/m	0.52	0.61	0.71	0.82	0.96	1.08	1.23	1.39	1.62
C_w/MPa	0.283	0.273	0.261	0.248	0.232	0.218	0.2	0.181	0.153
φ_w/(°)	13.1	13.11	13.12	13.12	13.12	13.13	13.14	13.15	13.15

表 6-4　6 m 宽煤柱各条块塑性区宽度分布规律及演化弱层参数

时间 t/h	4	8	12	16	20	24	28	32	36
采深 L/m	5.5	11	16.5	22	27.5	33	38.5	44	49.5
P_d	2.2	7.5	12.8	18	23.5	28.9	34.2	39.5	44.9
$P_载/MN$	9.47	9.68	10.03	10.51	11.13	11.9	12.81	13.85	15.03
C_t/MPa	0.461	0.462	0.462	0.463	0.463	0.464	0.464	0.465	0.465
$\varphi_t/(°)$	17.61	17.62	17.63	17.63	17.64	17.65	17.66	17.66	17.67
σ_z/MPa	0.067	0.086	0.116	0.146	0.188	0.241	0.296	0.364	0.448
x_p/m	0.07	0.09	0.12	0.15	0.19	0.24	0.29	0.35	0.42
C_w/MPa	0.336	0.335	0.331	0.329	0.324	0.319	0.313	0.307	0.299
$\varphi_w/(°)$	13.15	13.16	13.17	13.17	13.18	13.18	13.19	13.19	13.2
时间 t/h	40	44	48	52	56	60	64	68	72
采深 L/m	55	60.5	66	71.5	77	82.5	88	93.5	100
P_d	50	55.5	60.9	66.2	71.5	76.9	82.2	87.5	93.8
$P_载/MN$	16.36	17.82	19.42	21.16	23.03	25.05	27.21	29.51	32.4
C_t/MPa	0.466	0.466	0.467	0.467	0.468	0.468	0.469	0.469	0.470
$\varphi_t/(°)$	17.68	17.69	17.70	17.70	17.71	17.72	17.73	17.74	17.75
σ_z/MPa	0.535	0.653	0.777	0.940	1.148	1.373	1.658	1.994	2.541
x_p/m	0.49	0.58	0.67	0.78	0.91	1.04	1.19	1.35	1.58
C_w/MPa	0.291	0.281	0.271	0.259	0.244	0.228	0.211	0.193	0.166
$\varphi_w/(°)$	13.21	13.21	13.22	13.22	13.23	13.24	13.24	13.25	13.26

表 6-5　6.2 m 宽煤柱各条块塑性区宽度分布规律及演化弱层参数

时间 t/h	4	8	12	16	20	24	28	32	36
采深 L/m	5.5	11	16.5	22	27.5	33	38.5	44	49.5
P_d	2.2	7.5	12.8	18	23.5	28.9	34.2	39.5	44.9
$P_载/MN$	9.97	10.18	10.53	11.01	11.63	12.4	13.31	14.35	15.53
C_t/MPa	0.461	0.462	0.462	0.463	0.463	0.464	0.464	0.465	0.465
$\varphi_t/(°)$	17.61	17.62	17.63	17.63	17.64	17.65	17.66	17.66	17.67
σ_z/MPa	0.057	0.076	0.106	0.136	0.177	0.23	0.285	0.353	0.423
x_p/m	0.06	0.08	0.11	0.14	0.18	0.23	0.28	0.34	0.4
C_w/MPa	0.34	0.339	0.336	0.333	0.328	0.323	0.318	0.312	0.305
$\varphi_w/(°)$	13.26	13.27	13.28	13.28	13.28	13.29	13.3	13.3	13.31
时间 t/h	40	44	48	52	56	60	64	68	72
采深 L/m	55	60.5	66	71.5	77	82.5	88	93.5	100
P_d	50	55.5	60.9	66.2	71.5	76.9	82.2	87.5	93.8
$P_载/MN$	16.86	18.32	19.92	21.66	23.53	25.55	27.71	30.01	32.9

表 6-5(续)

时间 t/h	4	8	12	16	20	24	28	32	36
C_t/MPa	0.466	0.466	0.467	0.467	0.468	0.468	0.469	0.469	0.470
φ_t/(°)	17.68	17.69	17.70	17.70	17.71	17.72	17.73	17.74	17.75
σ_z/MPa	0.509	0.626	0.749	0.91	1.098	1.32	1.579	1.907	2.415
x_p/m	0.47	0.56	0.65	0.76	0.88	1.01	1.15	1.31	1.53
C_w/MPa	0.298	0.288	0.278	0.265	0.252	0.238	0.222	0.204	0.179
φ_w/(°)	13.31	13.32	13.33	13.33	13.34	13.34	13.35	13.36	13.37

表 6-6　6.4 m 宽煤柱各条块塑性区宽度分布规律及演化弱层参数

时间 t/h	4	8	12	16	20	24	28	32	36
采深 L/m	5.5	11	16.5	22	27.5	33	38.5	44	49.5
P_d	2.2	7.5	12.8	18	23.5	28.9	34.2	39.5	44.9
$P_{载}$/MN	10.47	10.68	11.03	11.51	12.13	12.9	13.81	14.85	16.03
C_t/MPa	0.461	0.462	0.462	0.463	0.463	0.464	0.464	0.465	0.465
φ_t/(°)	17.61	17.62	17.63	17.63	17.64	17.65	17.66	17.66	17.67
σ_z/MPa	0.047	0.067	0.096	0.126	0.167	0.209	0.263	0.33	0.40
x_p/m	0.05	0.07	0.10	0.13	0.17	0.21	0.26	0.32	0.38
C_w/MPa	0.344	0.343	0.34	0.337	0.333	0.329	0.323	0.318	0.311
φ_w/(°)	13.37	13.37	13.38	13.38	13.39	13.4	13.4	13.4	13.41
时间 t/h	40	44	48	52	56	60	64	68	72
采深 L/m	55	60.5	66	71.5	77	82.5	88	93.5	100
P_d	50	55.5	60.9	66.2	71.5	76.9	82.2	87.5	93.8
$P_{载}$/MN	17.36	18.82	20.42	22.16	24.03	26.05	28.21	30.51	33.4
C_t/MPa	0.466	0.466	0.467	0.467	0.468	0.468	0.469	0.469	0.470
φ_t/(°)	17.68	17.69	17.70	17.70	17.71	17.72	17.73	17.74	17.75
σ_z/MPa	0.485	0.599	0.721	0.88	1.066	1.284	1.541	1.864	2.317
x_p/m	0.45	0.54	0.63	0.74	0.86	0.99	1.13	1.29	1.49
C_w/MPa	0.307	0.294	0.285	0.272	0.26	0.245	0.23	0.212	0.191
φ_w/(°)	13.42	13.43	13.43	13.43	13.44	13.45	13.46	13.46	13.47

表 6-7　6.6 m 宽煤柱各条块塑性区宽度分布规律及演化弱层参数

时间 t/h	4	8	12	16	20	24	28	32	36
采深 L/m	5.5	11	16.5	22	27.5	33	38.5	44	49.5
P_d	2.2	7.5	12.8	18	23.5	28.9	34.2	39.5	44.9
$P_载/MN$	10.97	11.18	11.53	12.01	12.63	13.4	14.31	15.35	16.53
C_t/MPa	0.461	0.462	0.462	0.463	0.463	0.464	0.464	0.465	0.465
$\varphi_t/(°)$	17.61	17.62	17.63	17.63	17.64	17.65	17.66	17.66	17.67
σ_z/MPa	0.038	0.057	0.086	0.116	0.157	0.198	0.252	0.319	0.376
x_p/m	0.04	0.06	0.09	0.12	0.16	0.20	0.25	0.31	0.36
C_w/MPa	0.348	0.347	0.343	0.341	0.337	0.333	0.328	0.322	0.317
$\varphi_w/(°)$	13.45	13.46	13.47	13.47	13.48	13.48	13.49	13.49	13.50
时间 t/h	40	44	48	52	56	60	64	68	72
采深 L/m	55	60.5	66	71.5	77	82.5	88	93.5	100
P_d	50	55.5	60.9	66.2	71.5	76.9	82.2	87.5	93.8
$P_载/MN$	17.86	19.32	20.92	22.66	24.53	26.55	28.71	31.01	33.9
C_t/MPa	0.466	0.466	0.467	0.467	0.468	0.468	0.469	0.469	0.470
$\varphi_t/(°)$	17.68	17.69	17.70	17.70	17.71	17.72	17.73	17.74	17.75
σ_z/MPa	0.46	0.573	0.693	0.85	1.018	1.232	1.484	1.801	2.245
x_p/m	0.43	0.52	0.61	0.72	0.83	0.96	1.10	1.26	1.46
C_w/MPa	0.31	0.3	0.291	0.279	0.268	0.253	0.239	0.222	0.2
$\varphi_w/(°)$	13.51	13.52	13.52	13.52	13.53	13.54	13.55	13.55	13.56

　　基于各宽度煤柱不同条块演化弱层的抗剪强度力学参数变化规律,应用刚体极限平衡法定量分析端帮开采不同煤柱宽度对边坡稳定性的影响。分析图 6-6 可知,端帮开采条件下,西端帮潜在滑坡模式由圆弧滑动改变为以圆弧为侧界面演化弱层为底界面的切层-顺层滑动,上部岩层发生剪切破坏、下部沿演化弱层挤出。随着煤柱宽度的增加边坡稳定系数逐渐增大,煤柱宽度为 5.4 m、5.6 m、5.8 m、6 m、6.2 m、6.4 m 及 6.6 m 时,边坡稳定系数 F_s 分别为 1.066、1.082、1.095、1.107、1.116、1.124 和 1.131。

　　煤柱宽度为 5.4 m、5.6 m、5.8 m、6 m、6.2 m、6.4 m 及 6.6 m 时,资源回采率 Q 分别为 27.3%、26.6%、25.9%、25.3%、24.7%、24.1% 和 23.6%,随着煤柱宽度的增加,边坡稳定系数逐渐增大的同时资源回采率逐渐降低,如图 6-7 所示。

　　为保证边坡稳定的前提下,最大限度地回采滞留煤,分别对不同煤柱宽度条件下边坡稳定系数及资源回采率变化曲线进行拟合,拟合结果如图 6-8 及图 6-9 所示。

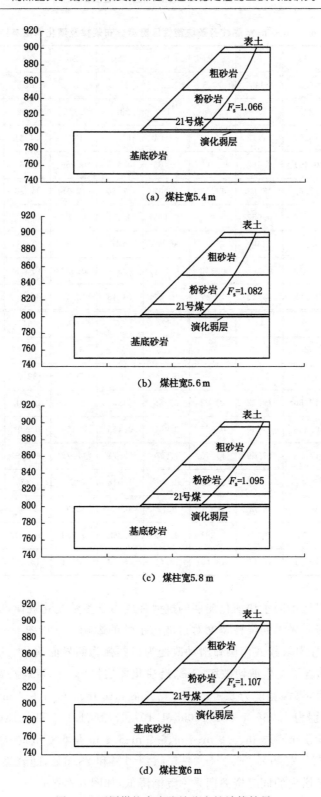

图 6-6　不同煤柱宽度边坡稳定性计算结果

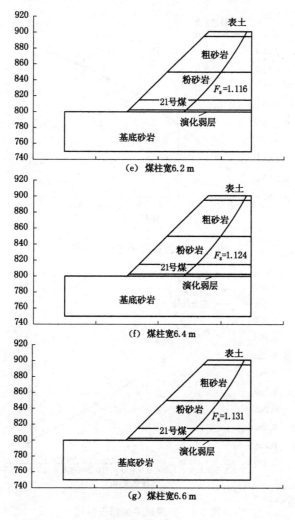

图 6-6(续)

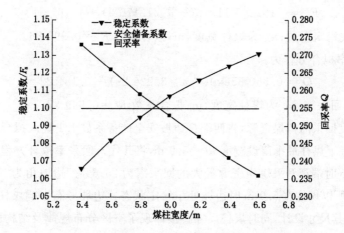

图 6-7 不同煤柱宽度边坡稳定性系数及资源回采率

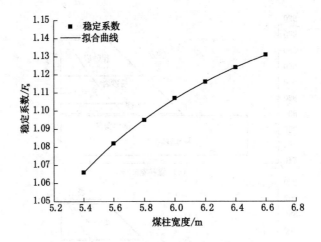

图 6-8　边坡稳定系数拟合曲线

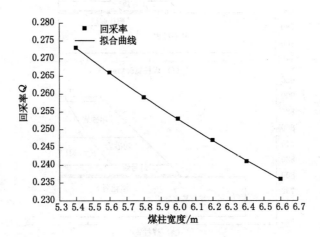

图 6-9　资源回采率拟合曲线

边坡稳定系数拟合方程为：

$$F_s = -10.205\ 11\exp(-w_s/1.170\ 5) + 1.167\ 21 \tag{6-11}$$

式中：F_s 为边坡稳定系数；w_s 为煤柱宽度，m；拟合系数 $R^2 = 0.999\ 86$。

资源回采率拟合方程为：

$$Q = 0.560\ 85\exp(-w_s/3.926\ 29) + 0.131\ 22 \tag{6-12}$$

式中：Q 为资源回采率；w_s 为煤柱宽度，m；拟合系数 $R^2 = 0.999\ 87$。

为最大限度回采滞留煤资源，将西端帮边坡安全储备系数 1.1 代入拟合方程(6-11)，得到边坡稳定前提下煤柱最小留设宽度 $w_s = 5.9$ m，将其代入回采率拟合方程(6-12)，获得煤柱宽度为 5.9 m 时端帮开采煤炭资源最大的回采率为 25.6%。边坡角为 38°时，合理煤柱留宽为 5.4 m，所以煤柱宽 5.9 m 时边坡处于稳定状态。边坡形态影响煤柱支撑应力分布规律，进而影响其尺寸设计，同时煤柱尺寸直接体现了空区分布规律及结构面的损伤程度，对边坡滑坡模式产生影响，进而影响边坡形态设计，二者相互反馈。因此在定量分析端帮开采条件下霍林河北矿西端帮支撑煤柱与边坡稳定性前提下，协同设计了既能保证支撑煤柱及边坡稳定,又可最大限度回收滞留煤资源的煤柱留设宽度 $w_s=5.9$ m,边坡角 $\theta=38°$。

6.4　本章小结

　　本章以霍林河北矿西端帮为工程地质背景,基于刚体极限平衡及非贯通断续结构面理论法,提出了端帮开采条件下边坡稳定性计算方法,分析评价了边坡稳定性,研究了支撑煤柱与边坡稳定性互馈机制,设计了合理的支撑煤柱留设宽度及边坡形态。

　　① 单一露天开采条件下,边坡潜在滑坡模式为圆弧滑动,边坡角设计为 38°,稳定系数为 1.213,满足安全储备系数要求。

　　② 基于非贯通断续结构面理论,将端帮开采区划分为空区、煤柱塑性屈服区及弹性核区,该区域易行成演化弱层,可能造成滑坡模式改变;分析了支撑煤柱随开采深度增加上覆岩层载荷及目标时间强度相互作用下两侧屈服区宽度变化规律,进而得到各条块抗剪力学参数,提出端帮开采条件下边坡稳定性计算方法。

　　③ 端帮开采条件下,边坡潜在滑坡模式为以圆弧为侧界面,演化弱层为底界面的切层-顺层滑动。随着煤柱留设宽度的增大,边坡稳定性逐渐增大,协同考虑支撑煤柱与边坡稳定性,提高资源回收率,确定支撑煤柱留设宽度 $w_s=5.9$ m,边坡角度 $\theta=38°$。

7 结论与创新点

7.1 结论

为推进端帮采煤工艺在我国的成功应用,作者以霍林河北矿西端帮为研究背景,综合应用理论分析、实验室试验、数值模拟等研究方法和手段,研究了端帮开采条件下支撑煤柱与边坡稳定性的互馈机制,提出了支撑煤柱参数设计及端帮开采边坡稳定性计算方法,协同优化设计了支撑煤柱与边坡参数。

① 提出了目标时间强度的概念,以实现内排所需时间作为支撑煤柱的目标服务时间,将与该时间相对应的煤柱强度定义为目标时间强度,通过蠕变试验确立了煤柱 7 天、14 天和 20 天目标时间内聚力及内摩擦角:$c_7 = 0.50$ MPa,$\varphi_7 = 18.3°$;$c_{14} = 0.48$ MPa,$\varphi_{14} = 17.9°$;$c_{20} = 0.46$ MPa,$\varphi_{20} = 17.6°$。拟合试验结果得出在一定期间内随着时间的增加,煤柱抗剪力学指标呈指数函数衰减。

② 数值模拟结果表明,端帮开采存在"端部效应",端部三维实体刚度大于煤柱刚度,支撑应力峰值出现在最大采深工程位置前方;煤柱倾向支撑应力分布形态近似于"碗形";基于支撑应力与极限强度相互关系及塑性区破坏特征,揭示了支撑煤柱失稳机理,当煤柱支撑应力大于其极限强度时,将发生剪切失稳破坏;结合支撑应力分布形态及塑性区分布规律,设计了合理的支撑煤柱宽度。

③ 通过相似材料模拟试验方法,建立二维等效相似模拟模型,研究了随载荷增加煤柱支撑应力及其分布形态变化规律,结合煤柱宏观破坏特征,揭示了支撑煤柱失稳演化规律,当煤柱载荷超过其承载能力后,煤柱发生渐进式剪切失稳破坏;验证了在极限采深条件下边坡角在 20°、30°、40°及 50°条件下,煤柱留设宽度为 4.5 m、5.0 m、5.5 m 及 6 m 的合理性。

④ 基于数值模拟及相似模拟试验结果,建立了支撑煤柱力学承载模型,基于突变理论构建了尖点突变模型,推导出煤柱发生突变失稳的判据;煤柱发生突变失稳的必要条件为屈服区宽度超过煤柱总宽度的 0.88,结合煤柱两侧塑性区宽度表达式及安全储备系数要求,提出了确定支撑煤柱参数的方法。

⑤ 基于非贯通断续结构面理论,将端帮开采区划分为空区、屈服区及弹性核区,易行成演化弱层,可能造成滑坡模式改变,研究了煤柱随采深增加上覆岩层载荷及目标时间强度相互作用下两侧屈服区宽度变化规律,提出了端帮开采条件下边坡稳定性计算方法;定量分析支撑煤柱与边坡稳定性相互影响,提高资源回收率,协同优化设计霍林河北

矿西端帮煤柱留设宽度 $w_s=5.9$ m、边坡角度 $\theta=38°$。

7.2　创新点

① 基于数值模拟及相似模拟试验,分析支撑煤柱应力分布、演化规律及破坏模式,揭示了煤柱失稳机理,建立了新的支撑煤柱承载模型;基于突变理论,推导出煤柱发生突变失稳的充要条件,提出了确定煤柱参数的方法。

② 基于非贯通断续结构面理论,将端帮开采区分为空区、煤柱塑性屈服区及弹性核区,分析了支撑煤柱随开采深度增加两侧屈服区宽度变化规律,据此提出了端帮开采条件下边坡稳定性计算方法。

③ 揭示了端帮开采支撑煤柱与边坡稳定性相互影响,提出了二者参数协同优化的原则,设计了合理的支撑煤柱参数及边坡形态。

7.3　展望

本书对褐煤露天矿端帮开采条件下,支撑煤柱强度的时变特性、突变失稳判据、失稳演化机理、边坡稳定性计算法进行了深入研究,并提出协同支撑煤柱与边坡稳定性设计合理的支撑煤柱宽度与边坡形态。本书研究成果对端帮开采工艺在我国的应用具有重要的理论意义与工程实践价值,但仍存在以下问题有待进一步完善:

① 本书提出了在只留设支撑煤柱,不留永久煤柱,通过提高支撑煤柱安全系数确保端帮开采支撑煤柱稳定性的研究方法。下一步重点研究同时留设支撑煤柱及永久煤柱的煤柱参数设计方案。

① 本书研究了单层开采支撑煤柱及边坡稳定性,对于多层开采支撑煤柱的留设参数及边坡形态有待进一步研究。

参 考 文 献

[1] 谢和平,高峰,鞠杨.深部岩体力学研究与探索[J].岩石力学与工程学报,2015,34
(11):2161-2178.

[2] 袁亮.煤与瓦斯共采理论与关键技术[R].北京:中国煤炭学会成立五十周年高层学
术论坛大会报告,2012.

[3] 宋子岭,范军富,祁文辉,等.露天煤矿绿色开采技术与评价指标体系研究[J].煤炭学
报,2016,41(S2):350-358.

[4] 张帅,张群涛,岳霆,等.端帮采煤机在中国露天开采中的应用分析[J].煤炭技术,
2016,35(6):233-235.

[5] 郭祖平,张赛.关于露天煤矿端帮开采技术的相关研究分析[J].内蒙古煤炭经济,
2016(22):7-8.

[6] 王少业,魏来,张建如.端帮采煤机在实际应用中的研究分析[J].内蒙古煤炭经济,
2015(6):115.

[7] 黄刘涛.端帮开采对于煤炭开采的积极意义[J].中国煤炭工业,2014(9):66-67.

[8] 马乐.端帮采煤机在魏家峁露天矿应用的可行性分析[J].露天采矿技术,2014,29
(2):19-20.

[9] 曹萍,韩延辉.端帮开采技术应用前景研究[J].露天采矿技术,2012,27(4):29-31.

[10] D BUNTING. Chamber Pillars in Deep Anthracite Mines [M]. Trans. AIME,
1911,236-268.

[11] E N Zern. Coal Miners Pocketbook[M]. McGraw Hill 12th ed,1928,641-645.

[12] C T HOLLAND,F L GADDY. Some aspects of permanent support of overburden
on coal bed[J]. Proceedings of the West Virginia Coal Mining Institute,1956,21:
43-56.

[13] 邹友峰,马伟民.条带开采尺寸设计及其地表沉陷的研究现状[J].中州煤炭,1993
(2):7-10.

[14] 吴立新,王金庄.建(构)筑物下压煤条带开采理论与实践[M].徐州:中国矿业大学
出版社,1994.

[15] A.H.威尔逊,孙家禄.对确定煤柱尺寸的研究[J].矿山测量,1973(1):30-42.

[16] 白矛,刘天泉.条带法开采中条带尺寸的研究[J].煤炭学报,1983,8(4):19-26.

[17] 侯朝炯,马念杰.煤层巷道两帮煤体应力和极限平衡区的探讨[J].煤炭学报,1989,
14(4):21-29.

[18] 郭爱国. 非常规条带煤柱稳定性分析及其应用[J]. 煤矿开采, 2015, 20(4):92-93.

[19] 王旭春, 黄福昌, 张怀新, 等. AH 威尔逊煤柱设计公式探讨及改进[J]. 煤炭学报, 2002, 27(6):604-608.

[20] 刘贵, 张华兴, 徐乃忠. 深部厚煤层条带开采煤柱的稳定性[J]. 煤炭学报, 2008, 33 (10):1086-1091.

[21] 索永录, 姬红英, 辛亚军, 等. 条带开采煤柱合理宽度的确定方法[J]. 西安科技大学学报, 2010, 30(2):132-135.

[22] SHEOREY P R, DAS M N, BORDIA S K, et al. Pillar strength approaches based on a new failure criterion for coal seams[J]. International Journal of Mining and Geological Engineering, 1986, 4(4):273-290.

[23] MORTAZAVI A, HASSANI F P, SHABANI M. A numerical investigation of rock pillar failure mechanism in underground openings[J]. Computers and Geotechnics, 2009, 36(5):691-697.

[24] 朱建明, 彭新坡, 姚仰平, 等. SMP 准则在计算煤柱极限强度中的应用[J]. 岩土力学, 2010, 31(9):2987-2990.

[25] 郭力群, 彭兴黔, 蔡奇鹏. 基于统一强度理论的条带煤柱设计[J]. 煤炭学报, 2013, 38 (9):1563-1567.

[26] 朱建明, 吴则祥, 张宏涛, 等. 基于 Lade-Duncan 和 SMP 两种强度准则的岩石残余应力研究[J]. 岩石力学与工程学报, 2012, 31(8):1715-1720.

[27] 刘光宇, 杨双锁. 复采工作面条带煤柱临界破坏尺寸研究[J]. 煤炭技术, 2015, 34 (11):35-37.

[28] 杨永杰, 赵南南, 马德鹏, 等. 不同含水率条带煤柱稳定性研究[J]. 采矿与安全工程学报, 2016, 33(1):42-48.

[29] 王春秋, 高立群, 陈绍杰, 等. 条带煤柱长期承载能力实测研究[J]. 采矿与安全工程学报, 2013, 30(6):799-804.

[30] 郭仓, 谭志祥, 李培现, 等. 基于 FLAC³ᴰ 的条带开采煤柱稳定性分析[J]. 现代矿业, 2012, 27(2):5-9.

[31] 张明, 姜福兴, 李家卓, 等. 基于巨厚岩层-煤柱协同变形的煤柱稳定性[J]. 岩土力学, 2018, 39(2):705-714.

[32] 于洋, 邓喀中, 范洪冬. 条带开采煤柱长期稳定性评价及煤柱设计方法[J]. 煤炭学报, 2017, 42(12):3089-3095.

[33] 谭毅, 郭文兵, 赵雁海. 条带式 Wongawilli 开采煤柱系统突变失稳机理及工程稳定性研究[J]. 煤炭学报, 2016, 41(7):1667-1674.

[34] 何耀宇, 宋选民, 赵金昌. 复杂受压条件下不同尺寸煤柱破坏倾向性研究[J]. 采矿与安全工程学报, 2015, 32(4):592-596.

[35] 郑仰发, 鞠文君, 康红普, 等. 基于三维应变动态监测的大采高综采面区段煤柱留设综合试验研究[J]. 采矿与安全工程学报, 2014, 31(3):359-365.

[36] 梁冰,王维华,李宏艳,等.基于损伤变量的煤柱合理留设试验研究[J].安全与环境学报,2013,13(5):179-182.

[37] 王方田,屠世浩,李召鑫,等.浅埋煤层房式开采遗留煤柱突变失稳机理研究[J].采矿与安全工程学报,2012,29(6):770-775.

[38] 王守功,姚格林,包慧.露天矿端帮采煤机应用分析[J].露天采矿技术,2014,29(10):28-30.

[39] 刘玲.端帮开采技术简介[J].露天采矿技术,2012,27(1):36-37.

[40] 蔡利,孙进步,马占一.端帮采煤技术在露天煤矿的应用[J].现代矿业,2011,27(11):63-64.

[41] 孙进步.SHM 端帮采煤机在我国露天煤矿的应用前景[J].神华科技,2011,9(4):44-46.

[42] 孟建华,张兆琏.SHM 端帮联合采煤机赴美现场考察报告[J].露天采矿技术,2007,22(2):5-6.

[43] 殷志祥,董慧.基于边坡稳定性的 SHM 开采端帮特厚煤层影响参数研究[J].应用基础与工程科学学报,2015,23(1):56-67.

[44] 刘文岗,王雷石,富强.SHM 端帮开采技术及其应用的关键问题[J].煤炭工程,2012,44(6):1-4.

[45] ZIPF R K,MARK C. Ground control for highwall mining in the United States[J]. International Journal of Surface Mining,Reclamation and Environment,2005,19(3):188-217.

[46] KELLY C,WU K,WARD B,et al. Highwall stability in an open pit stone operation[C] //Proceeding of the 21st International Conference on Ground Control in Mining. Morgantown:West Virginia University,2002:228-235.

[47] 陈彦龙,吴豪帅.露天矿端帮开采下的支撑煤柱突变失稳机理研究[J].中国矿业大学学报,2016,45(5):859-865.

[48] 王东,姜聚宇,韩新平,等.褐煤露天矿端帮开采边坡支撑煤柱稳定性研究[J].中国安全科学学报,2017,27(12):62-67.

[49] FELLENIUS W. Erdstatische Berechnungen mit Reibung und Kohäsion (Adhäsion) und unter Annahme kreiszylindrischer Gleitflächen[M]. Ernst & Sohn:Berlin,1927.

[50] BISHOP A W. The use of the slip circle in the stability analysis of slopes[J]. Géotechnique,1955,5(1):7-17.

[51] (英)霍克(J. S. Keates)布雷(J. W. Btay)著.卢世宗等译.岩石边坡工程[M].北京:冶金工业出版社,1980.

[52] SPENCER E. A method of analysis of the stability of embankments assuming parallel inter-slice forces[J]. Géotechnique,1967,17(1):11-26.

[53] MORGENSTERN N R,PRICE V E. The analysis of the stability of general slip surfaces[J]. Géotechnique,1965,15(1):79-93.

[54] SARMA S K. Stability analysis of embankments and slopes[J]. Géotechnique, 1973,23(3):423-433.

[55] CHEN Z Y,MORGENSTERN N R. Extensions to the generalized method of slices for stability analysis[J]. Canadian Geotechnical Journal,1983,20(1):104-119.

[56] 祝玉学.边坡可靠性分析[M].北京:冶金工业出版社,1993.

[57] STEPHEN D,PRIEST. Discontinuity analysis for rock engineering[J]. Choice Reviews Online,1993,31(02):31-957.

[58] 潘家铮.建筑物的抗滑稳定和滑坡分析[M].北京:水利出版社,1980.

[59] 陈祖煜.建筑物抗滑稳定分析中"潘家铮最大最小原理"的证明[J].清华大学学报（自然科学版）,1998,38(1):1-4.

[60] 孙君实.条分法的数值分析[J].岩土工程学报,1984,6(2):1-12.

[61] DONALD I B,CHEN Z Y. Slope stability analysis by the upper bound approach: fundamentals and methods [J]. Canadian Geotechnical Journal, 1997, 34 (6): 853-862.

[62] 韩流,周伟,舒继森,等.软岩边坡平面滑动时效稳定性分析及结构优化[J].中国矿业大学学报,2014,43(3):395-401.

[63] 许江波,郑颖人,赵尚毅,等.有限元与极限分析法计算桩后推力的分析与比较[J].岩土工程学报,2010,32(9):1380-1385.

[64] 郑颖人.岩土数值极限分析方法的发展与应用[J].岩石力学与工程学报,2012,31(7):1297-1316.

[65] 曾铟,张泽辉,杨宏丽,等.基于边坡渐进破坏特征对传统极限平衡法几点假设的合理分析[J].岩土力学,2012,33(S1):146-150.

[66] 李得建,赵炼恒,李亮,等.地震效应下非线性抗剪强度参数对裂缝边坡稳定性影响的上限解析[J].岩土力学,2015,36(5):1313-1321.

[67] 赵阳,陈昌富,王纯子.基于统一强度理论带帽刚性桩承载力上限分析[J].岩土力学,2016,37(6):1649-1656.

[68] 赵炼恒,李亮,杨峰,等.基于SQP和上限法的非饱和土条形基础极限承载力计算[J].岩石力学与工程学报,2009,28(S1):3021-3028.

[69] 陈立国,刘宝琛.基于极限分析法求解基坑支护墙入土深度下限解[J].水文地质工程地质,2015,42(3):54-58.

[70] 李亮,刘宝琛.边坡极限承载力的下限分析法及其可靠度理论[J].岩石力学与工程学报,2001,20(4):508-513.

[71] 郑颖人,赵尚毅,孔位学,等.极限分析有限元法讲座:Ⅰ岩土工程极限分析有限元法[J].岩土力学,2005,26(1):163-168.

[72] 赵尚毅,郑颖人,张玉芳.极限分析有限元法讲座:Ⅱ有限元强度折减法中边坡失稳的判据探讨[J].岩土力学,2005,26(2):332-336.

[73] 邓楚键,孔位学,郑颖人.极限分析有限元法讲座Ⅲ:增量加载有限元法求解地基极

限承载力[J]. 岩土力学,2005,26(3):500-504.

[74] DRUCKER D C,GREENBERG H J,PRAGER W. The safety factor of an elastic-plastic body in plane strain[J]. Journal of Applied Mechanics,1951,18(4):371-378.

[75] DRUCKER D C,PRAGER W,GREENBERG H J. Extended limit design theorems for continuous media[J]. Quarterly of Applied Mathematics,1952,9(4):381-389.

[76] MCCOOK D K. Limit analysis and soil plasticity[J]. Soil Science Society of America Journal,1976,40(4):iv.

[77] CHEN W F,GIGER M W,FANG H Y. On the limit analysis of stability of slopes [J]. Soils and Foundations,1969,9(4):23-32.

[78] 陈冰洁. 基于有限元极限分析法的地下采场结构稳定性研究[D]. 长沙:中南大学,2013.

[79] 王渭明,赵增辉,王磊. 不同强度准则下软岩巷道底板破坏安全性比较分析[J]. 岩石力学与工程学报,2012,31(S2):3920-3927.

[80] KIM J,SALGADO R,YU H S. Limit analysis of soil slopes subjected to pore-water pressures[J]. Journal of Geotechnical and Geoenvironmental Engineering,1999,125(1):49-58.

[81] 李泽,王均星. 基于非线性规划的岩质边坡有限元塑性极限分析下限法研究[J]. 岩石力学与工程学报,2007,26(4):747-753.

[82] YANG X L,YIN J H. Slope stability analysis with nonlinear failure criterion[J]. Journal of Engineering Mechanics,2004,130(3):267-273.

[83] 王根龙,伍法权,张茂省. 平面滑动型岩质边坡稳定性极限分析上限法[J]. 工程地质学报,2011,19(2):176-180.

[84] SOUBRA A H. Upper-bound solutions for bearing capacity of foundations[J]. Journal of Geotechnical and Geoenvironmental Engineering,1999,125(1):59-68.

[85] 秦会来,黄茂松. 双层地基极限承载力的极限分析上限法[J]. 岩土工程学报,2008,30(4):611-616.

[86] 胡卫东,曹文贵. 基于非对称破坏模式的临坡地基承载力上限极限分析方法[J]. 中国公路学报,2014,27(6):1-9.

[87] YANG X L. Upper bound limit analysis of active earth pressure with different fracture surface and nonlinear yield criterion[J]. Theoretical and Applied Fracture Mechanics,2007,47(1):46-56.

[88] 杨峰,阳军生. 浅埋隧道围岩压力确定的极限分析方法[J]. 工程力学,2008,25(7):179-184.

[89] 杨小礼,王作伟. 非线性破坏准则下浅埋隧道围岩压力的极限分析[J]. 中南大学学报(自然科学版),2010,41(1):299-302.

[90] FRALDI M,GUARRACINO F. Evaluation of impending collapse in circular tun-

nels by analytical and numerical approaches[J]. Tunnelling and Underground Space Technology,2011,26(4):507-516.

[91] YANG X L,HUANG F. Collapse mechanism of shallow tunnel based on nonlinear Hoek-Brown failure criterion[J]. Tunnelling and Underground Space Technology, 2011,26(6):686-691.

[92] YANG X L,SUI Z R. Seismic failure mechanisms for loaded slopes with associated and nonassociated flow rules[J]. Journal of Central South University of Technology,2008,15(2):276-279.

[93] 姚捷.基于广义位势理论的土的本构模型的研究[D].武汉:武汉大学,2010.

[94] ZHANG J H,WANG C Y. Energy analysis of stability on shallow tunnels based on non-associated flow rule and non-linear failure criterion[J]. Journal of Central South University,2015,22(3):1070-1078.

[95] MICHALOWSKI R L. Slope stability analysis:a kinematical approach[J]. Géotechnique,1995,45(2):283-293.

[96] MICHALOWSKI R L. An estimate of the influence of soil weight on bearing capacity using limit analysis[J]. Soils and Foundations,1997,37(4):57-64.

[97] DONALD I B,CHEN Z Y. Slope stability analysis by the upper bound approach: fundamentals and methods[J]. Canadian Geotechnical Journal, 1997, 34 (6): 853-862.

[98] 邢利伟.露井联合开采的边坡稳定性研究[D].武汉:武汉理工大学,2007:3-5.

[99] 朱建明,张宏涛,周保精,等.井工开采对露井联采边坡稳定影响的塑性极限分析[J].岩土工程学报,2010,32(3):344-350.

[100] 常来山,李绍臣,颜廷宇.基于岩体损伤模拟的露井联采边坡稳定性[J].煤炭学报,2014,39(S2):359-365.

[101] 吴剑平,朱建明,成新元.露井联采下边界参数优化的相似模拟研究[J].中国矿业,2008,17(9):79-82.

[102] 朱建明,刘宪权,吴剑平.露井联采下边坡稳定性的相似模拟研究[J].工程地质学报,2009,17(2):206-211.

[103] 王东,曹兰柱,宋子岭.基于 RFPA-SRM 的露井联采边坡稳定性研究[J].合肥工业大学学报(自然科学版),2009,32(10):1562-1565.

[104] 王东,王前领,曹兰柱,等.露井联采逆倾边坡稳定性数值模拟[J].安全与环境学报,2015,15(1):15-20.

[105] 王东,浦凤山,曹兰柱,等.平庄西露天矿露井联采高陡长大边坡稳定性监测研究[J].中国安全生产科学技术,2015,11(11):124-130.

[106] 马进岩,刘培培,王树仁,等.露天与井工联合采动矿山边界距离优化分析[J].煤炭科学技术,2009,37(10):27-30.

[107] 朱建明,冯锦艳,彭新坡,等.露井联采下采动边坡移动规律及开采参数优化[J].煤

炭学报,2010,35(7):1089-1094.

[108] 丁鑫品,李绍臣,王俊,等.露天矿端帮煤柱回收井工开采工作面推进方向的优化[J].煤炭学报,2013,38(11):1923-1928.

[109] 丁鑫品,王俊,李伟,等.关键层耦合作用下露井联采边坡滑动深度分析[J].煤炭学报,2014,39(S2):354-358.

[110] 孙世国.矿山复合开采边坡岩体变形规律[D].北京:北京科技大学,1998.

[111] 王东,曹兰柱,朴春德,等.露井联采逆倾边坡破坏模式及稳定性评价方法研究[J].中国地质灾害与防治学报,2011,22(3):33-38.

[112] 何玉荣.网纹红土分级加载与分别加载蠕变研究[D].长沙:中南大学,2013.

[113] 范庆忠,高延法.分级加载条件下岩石流变特性的试验研究[J].岩土工程学报,2005,27(11):1273-1276.

[114] 中华人民共和国住房和城乡建设部.建筑边坡工程技术规范:GB 50330—2013[S].北京:中国建筑工业出版社,2014.

[115] 蔡美峰.岩石力学与工程[M].2版.北京:科学出版社,2013:296-298.

[116] 郭力群,蔡奇鹏,彭兴黔.条带煤柱设计的强度准则效应研究[J].岩土力学,2014,35(3):777-782.

[117] 谢和平,段法兵,周宏伟,等.条带煤柱稳定性理论与分析方法研究进展[J].中国矿业,1998(5):37-41.

[118] 胡炳南.条带开采中煤柱稳定性分析[J].煤炭学报,1995,20(2):205-210.

[119] 郭文兵,邓喀中,邹友峰.条带煤柱的突变破坏失稳理论研究[J].中国矿业大学学报,2005,34(1):77-81.

[120] 郭文兵,邓喀中,邹友峰.走向条带煤柱破坏失稳的尖点突变模型[J].岩石力学与工程学报,2004,23(12):1996-2000.

[121] ZIPF R K,MARK C. Ground control for highwall mining in the United States[J]. International Journal of Surface Mining, Reclamation and Environment, 2005,19(3):188-217.

[122] PORATHUR J L,KAREKAL S,PALROY P. Web pillar design approach for Highwall Mining extraction[J]. International Journal of Rock Mechanics and Mining Sciences,2013,64:73-83.

[123] 张永兴.边坡工程学[M].北京:中国建筑工业出版社,2008:4-8.

[124] 蔡美峰.岩石力学与工程[M].北京:科学出版社,2002.

[125] 刘佑荣,唐辉明.岩体力学[M].武汉:中国地质大学出版社,1999.